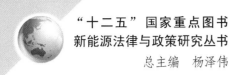

"十二五"国家重点图书

新能源法律与政策研究丛书

总主编　杨泽伟

《湖北省应对气候变化办法（草案）专家建议稿》与说明

杨泽伟　吕江　主编

撰稿人：吕江　范姣艳　程荃　杨泽伟

WUHAN UNIVERSITY PRESS

武汉大学出版社

图书在版编目(CIP)数据

《湖北省应对气候变化办法(草案)专家建议稿》与说明/杨泽伟,
吕江主编. —武汉:武汉大学出版社,2017.5
新能源法律与政策研究丛书/杨泽伟总主编
"十二五"国家重点图书
ISBN 978-7-307-12862-0

Ⅰ.湖… Ⅱ.①杨… ②吕… Ⅲ.气候变化—湖北—学习参考资
料 Ⅳ.P467

中国版本图书馆 CIP 数据核字(2017)第 039905 号

责任编辑:张 欣 责任校对:李孟潇 版式设计:马 佳

出版发行:**武汉大学出版社** (430072 武昌 珞珈山)
(电子邮件:cbs22@whu.edu.cn 网址:www.wdp.com.cn)
印刷:虎彩印艺股份有限公司
开本:720×1000 1/16 印张:17 字数:245 千字 插页:2
版次:2017 年 5 月第 1 版 2017 年 5 月第 1 次印刷
ISBN 978-7-307-12862-0 定价:50.00 元

本书出版获得中国清洁发展机制基金赠款项目"湖北省应对气候变化立法研究"（项目编号：2012057）、教育部人文社会科学重点研究基地武汉大学国际法研究所"十三五"重大项目"维护中国国家权益的国际法问题研究"的资助，特致谢忱！

总　序

新能源是一个广义的概念。它不但包括风能、太阳能、水能、核能、地热能和生物质能等可再生能源或清洁能源，而且包括通过新技术对传统化石能源的再利用，如从化石能源中提取氢、二甲醚和甲醇等。同时，能源资源的高效、综合利用以及节能等（如分布式能源、智能电网），也为新能源体系中的重要组成部分。

进入 21 世纪以来，在能源需求增长、油价攀升和气候变化问题日益突出等因素的推动下，新能源再次引起世界各国的重视，掀起了新一轮发展高潮。特别是在 2008 年全球性金融危机的影响下，发展新能源已成为发达国家促进经济复苏和创造就业的重要举措。例如，美国推出了"绿"与"新"的能源新政，并在众议院通过了《2009 年美国清洁能源与安全法》（American Clean Energy and Security Act 2009）；英国相继出台了《低碳转型计划》（The UK Low Carbon Transition Plan：National Strategy for Climate and Energy）、《2009 年英国可再生能源战略》（UK Renewable Energy Strategy 2009）和《2010 年英国能源法》（UK Energy Act 2010）；澳大利亚推出了《2010 年可再生能源（电力）法》（Renewable Energy（Electricity）Act 2000）；欧洲议会也在 2009 年通过了《欧盟第三次能源改革方案》（它包括三个条例和两个指令）等，引起了世界各国的广泛关注。

面对世界能源体系向新能源系统的过渡和转变，中国作为世界第二大能源消费国，在国际石油市场不断强势震荡，中国国内石油、煤炭、电力资源供应日趋紧张的形势下，特别是在温室气体减排的国际压力不断加大的背景下，开发利用绿色环保的新能源，已经成为缓解制约中国能源发展瓶颈的当务之急。

因此，研究新能源法律与政策问题，在深入比较、借鉴分析欧美发达国家和地区新能源法律与政策的基础上，根据中国新能源产业和法律发展的现状，提出我国应如何发展新能源、提高能源使用效率、制定和实施新能源发展战略、构建新能源的法律与政策体系，无疑具有重要的现实意义。

其实，研究新能源法律与政策问题，也具有重要的理论价值。早在 20 世纪 80 年代初，国际能源法律问题，就引起了学界的关注。1984 年，"国际律师协会能源与自然资源法分会"（International Bar Association Section on Energy and Natural Resources Law）就出版了一本名为《国际能源法》（International Energy Law）的著作。这或许是"国际能源法"一词的首次出现与运用。近些年来，包括能源安全、国际（新）能源法律与政策问题，更是受到国内外学者们的重视。① 国际能源法（International Energy Law）也有成为一个新的、特殊的国际法分支之势。可以说，国际能源法的兴起，突破了传统部门法的分野，是国际法发展的新突破。②

首先，国际能源法体现了当今经济全球化背景下部门法的界限日益模糊的客观事实。国际能源法作为一个特殊的国际法分支，它打破了传统部门法中被人为划定的界限，其实体规范包含了国际公法、国际经济法、国际环境法、国内能源法等部门法的一些具体内

---

① 英国邓迪大学"能源、石油和矿产法律与政策研究中心"沃尔德（Thomas W. Wälde）教授认为，国际能源法有狭义和广义之分：狭义的国际能源法是指调整国际法主体间有关能源活动的法律制度；而广义的国际能源法是指调整所有跨国间有关能源活动的法律制度，它由国际公法、国际经济法、比较能源法等部门法的一些内容所组成。See Thomas W. Wälde, *International Energy Law: Concepts, Context and Players*, available at http://www.dundee.ac.uk/cepmlp/journal/htm/vol9/vol9-21.html, last visit on April 9, 2011; Thomas W. Wälde, *International Energy Law and Policy*, in Cutler J. Cleveland Editor-in Chief, *Encyclopedia of Energy*, Vol. 3, Elsevier Inc. 2004, pp. 557-582.

② 参见杨泽伟：《国际能源法：国际法的一个新分支》，载《华冈法萃》（台湾）2008 年第 40 期，第 185~205 页；杨泽伟著：《中国能源安全法律保障研究》，中国政法大学出版社 2009 年版，第 226~245 页。

容。因此，它不是任何一个传统法律部门所能涵盖的。国际能源法的这一特点也是经济全球化的客观要求。

其次，国际能源法反映了国际法与国内法相互渗透、相互转化和相互影响的发展趋势。例如，国际能源法和国内能源法虽然是两个不同的法律体系，但由于国内能源法的制定者和国际能源法的制定者都是国家，因此这两个体系之间有着密切的联系，彼此不是互相对立而是互相渗透和互相补充的。一方面，国际能源法的部分内容来源于国内能源法，如一些国际能源公约的制定就参考了某些国家能源法的规定，国内能源法还是国际能源法的渊源之一。另一方面，国内能源法的制定一般也参照国际能源公约的有关规定，从而使与该国承担的国际义务相一致。此外，国际能源法有助于各国国内能源法的趋同与完善。

最后，国际能源法印证了"国际法不成体系"或曰"碎片化"（Fragmentation of International Law）的时代潮流。近些年来，国际法发展呈两种态势：一方面，国际法的调整范围不断扩大，国际法的发展日益多样化；另一方面，在国际法的一些领域或一些分支，出现了各种专门的和相对自治的规则和规则复合体。因此，国际法"不成体系成为一种现象"。国际能源法的产生和发展，就是其中一例。

为了进一步推动中国新能源法律与政策问题的研究，2009年9月，全国哲学社会科学规划办公室以"美、日等西方国家新能源政策跟踪研究及我国新能源产业发展战略"作为国家社科基金重大项目，面向全国招标。在武汉大学国际法研究所的大力支持下，我以首席专家的身份，组织国家发展与改革委员会、国务院法制办、外交部、中国能源法研究会、煤炭信息研究院法律研究所、湖南省高级人民法院、中国人民大学、华北电力大学、北京理工大学、中南财经政法大学、郑州大学、辽宁大学、英国邓迪大学"能源、石油和矿产法律与政策研究中心"（Centre for Energy, Petroleum and Mineral Law & Policy）等国内外一些研究新能源问题的学者和实务部门的专家，成功申报了国家社科基金重大招标项目"发达国家新能源法律政策研究及中国的战略选择"，并获准立项。

经过近几年的潜心研究，我们推出了《新能源法律与政策研究丛书》，作为该项目的阶段性研究成果之一。

《新能源法律与政策研究丛书》以 21 世纪以来国际能源关系的发展为背景，从新能源涉及的主要法律与政策问题入手，兼用法学与政治学的研究方法，探讨发达国家和地区新能源的最新立法特点、发展趋势、政策取向及其对中国的启示，阐明中国新能源发展过程中的法律问题，提出完善中国新能源法律制度的若干建议等。

由于新能源法律与政策问题，是法学、特别是国际法学很少涉足的领域，加上我们研究水平的限制，因此《新能源法律与政策研究丛书》必然会存在诸多不足之处，请读者不吝指正。

杨泽伟①

2011 年 6 月

于武汉大学国际法研究所

---

①　武汉大学珞珈杰出学者、法学博士、博士生导师、国家社科基金重大招标项目"发达国家新能源法律政策研究及中国的战略选择"首席专家。

目 录

附　　录

前　言

湖北省应对气候变化立法研究的展开是建立在全球气候问题发生深刻变化的大环境与大背景之下。具体而言，它包括了如下两个方面：

一、湖北省应对气候变化立法研究的国际和国内背景

（一）湖北省应对气候变化立法研究的国际背景

气候变化是 21 世纪人类社会面临的最严峻的挑战之一，也是当今世界各国普遍关注的全球性问题。从全球应对气候变化的演变来看，它经历了如下三个阶段，即从科学到政治、再到制度安排。而这种发展趋势目前仍在继续。

1. 由科学问题转为政治问题：《联合国气候变化框架公约》的建立

19 世纪初法国物理学家约瑟夫·傅立叶提出一个看似简单而实则不然的问题，即是什么决定了一个像地球这样的星球的平均气温？至此，人类开始踏上对气候变化问题研究的科学之路。1896年，一位瑞典科学家阿列纽斯在研究冰河时代之谜时，通过计算得出一项研究结果：若大气中的二氧化碳含量增加一倍，就会导致地球温度升高 5～6℃。1938 年，一位名不见经传的英国工程师盖伊·斯图尔特·柯兰达在英国皇家气象协会的会议上大胆地提出一个论断：是人类的工业，是我们到处都在使用的矿物燃料，释放出的上百万吨二氧化碳正在改变着我们的气候。

自 20 世纪 50 年代开始，随着一系列事件的发生，使得气候变化问题逐渐向政治议题开始靠拢。1951 年世界气象学组织建立，它后来成为联合国的一个机构。这为气候学研究提供了重要的组织和资金支持。另一个值得关注的是环境问题开始进入人类的视线。人们从担心贫困转向了担心健康状况，1953 年伦敦严重的雾霾天气，使人们意识到大气污染对人类有着致命的危险性。1963 年美国科学家基林等人发表了一份报告，指出地球中二氧化碳含量在不断增加着，它可能会导致下个世纪地球的气温升高 4℃，而这将可能产生冰川融化、海平面上升等一系列严重后果。20 世纪 70 年代，在印度、美国以及非洲出现大面积的干旱并引起了粮食的歉收，饥荒问题再一次引起公众对气候变化问题的关注。80 年代开始，科学家们通过不同的研究，不断表明全球气候变暖正在成为人类社会最大的气候威胁。①

1988 年在来自科学家、公众甚至官员要求建立一个全球性气候变化研究组织的呼声不断加强的压力下，世界气象学组织和联合国环境署成立了政府间气候变化专门委员会（IPCC），负责联合世界各国的科学家对全球气候变化进行科学研究。1990 年 IPCC 提交了《第一次气候变化评估报告》。该报告指出，温室气体是造成全球气温升高的主要原因，而来自人类的排放对温室气体的增加产生了实质性的影响，如果不加以控制这种排放将导致更为严重的后果。② 为此，1990 年联合国大会通过了第 45/212 号决议，成立气候变化公约政府间谈判委员会（Intergovernmental Negotiating Committee，INC，以下简称政府间谈判委员会），具体负责《联合国气候变化框架公约》（以下简称《公约》）的谈判和制定工作，以期在 1992 年召开的联合国环境与发展大会上得以签署。

①　参见［美］斯潘塞·R. 沃特著：《全球变暖的发现》，宫照丽译，外语教学与研究出版社 2007 年版，第 137~150 页。

②　See IPCC First Assessment Report, 1990. http://www.ipcc.ch/ipccreports/far/IPCC_1990_and_1992_Assessments/English/ipcc-90-92-assessments-overview.pdf(last visit on 2016-6-3).

1992 年联合国环境与发展大会在巴西里约热内卢召开，会议通过了具有历史性意义的《联合国气候变化框架公约》。该公约的目标旨在"将大气中温室气体的浓度稳定在防止气候系统受到危险的人为干扰的水平上"①，强调这一目标的实现是在尊重发达国家与发展中国家不同的历史责任和各自能力的基础上，并在坚持"共同但有区别的责任"原则前提下完成的。② 包括中国、美国在内的 195 个国家批准了该公约。③ 至此，气候变化问题从一个完全是科学研究的议题转向了一个政治议题。④

2. 由政治问题转为制度安排问题：《京都议定书》到《哥本哈根协议》

《联合国气候变化框架公约》是世界上第一个全面控制二氧化碳等温室气体排放，应对全球气候变暖的国际公约，也是国际社会在应对全球气候变化、进行国际合作的基本框架。⑤ 自 1994 年《公约》生效后，缔约方每年召开一次缔约方大会（Conferences of the Parties，COPs）⑥。然而，《公约》没有规定各个国家的具体减排份额。因此，制定一份具有法律拘束力的，能够规定各国具体减排分配的议定书就提到联合国气候变化缔约方大会的法律日程上。

---

① 《联合国气候变化框架公约》第 2 条。

② 参见《联合国气候变化框架公约》序言。

③ See UNFCCC, Status of Ratification of the Convention, http://unfccc. int/essential_background/convention/status_of_ratification/items/2631. php. (last visit on 2016-10-3).

④ 关于《联合国气候变化框架公约》缔结的详细内容，可参见吕江著：《气候变化与能源转型：一种法律的语境范式》，法律出版社 2013 年版，第 15~38 页。See also Daniel Bodansky, "The United Nations Framework Convention on Climate Change: A Commentary," *Yale Journal of International Law*, Vol. 18, 1993, pp. 451-558.

⑤ See Michael Grubb, Matthias Koch, Koy Thomson, Abby Munson & Francis Sullivan, The "Earth Summit" Agreement: A Guide and Assessment, London: Earthscan, 1993, pp. 70-73.

⑥ 《联合国气候变化框架公约》缔约方大会到现在为止，共召开了 21 次会议。

　　1997 年联合国气候变化第三次缔约方大会在日本京都举行，会上通过了《京都议定书》（Kyoto Protocol），对 2012 年前主要发达国家减排温室气体的种类、减排时间表和额度等作出具体规定。① 然而，2001 年布什政府以"减少温室气体排放将会影响美国经济发展"和"发展中国家也应该承担减排和限排温室气体"为借口，宣布拒绝批准《京都议定书》。② 美国的行为给全球温室气体减排蒙上了一层阴影。根据《京都议定书》的规定，只有在占全球温室气候排放量 55% 以上的至少 55 个国家批准，才能成为具有法律约束力的国际公约。随着俄罗斯的批准，2005 年《京都议定书》正式生效，从而成为人类历史上首次以法律形式限制温室气体排放的国际文件。③

　　2007 年《联合国气候变化框架公约》第 13 次会议暨《京都议定书》第 3 次缔约方会议在印度尼西亚巴厘岛举行，会议着重讨论了"后京都"问题，即《京都议定书》第一承诺期在 2012 年到期后如何进一步降低温室气体的排放。会上通过了"巴厘路线图"（Bali Roadmap），启动了加强《联合国气候变化框架公约》和《京都议定书》全面实施的谈判进程，致力于在 2009 年底前完成

---

　　① 《京都议定书》规定从 2008 年到 2012 年期间，主要工业发达国家的温室气候排放量要在 1990 年的基础上平均减少 5.2%，其中欧盟将 6 种温室气体排放削减 8%，美国削减 7%，日本削减 6%，加拿大削减 6%，东欧各国削减 5% 到 8%，新西兰、俄罗斯和乌克兰可将排放稳定在 1990 年水平上。议定书同时允许爱尔兰、澳大利亚和挪威的排放量比 1990 年增加 10%、8% 和 1%。

　　② See The Whitehouse, "President Bush discusses Global Climate Change," http：//georgewbush-whitehouse. archives. gov/news/releases/2001/06/20010611-2. html（last visit on 2016-6-3）

　　③ See Peter D. Cameron & Donald Zillman ed. , Kyoto：From Principles to Practice, Kluwer Law International, 2001, pp. 3-26. 关于《京都议定书》的谈判过程及各国的立场, See Michael Grubb, The Kyoto Protocol：A Guide and Assessment, London：The Royal Institute of International Affairs, 1999. See also Peter D. Cameron & Donald Zillman ed. , Kyoto：From Principles to Practice, Kluwer Law International, 2001。

《京都议定书》第一承诺期 2012 年到期后、全球应对气候变化新安排的谈判，并签署有关协议。①

2009 年 12 月 7 日，联合国气候变化大会在丹麦首都哥本哈根如期召开，全世界 119 个国家的领导人和国际组织的负责人出席了会议。此次会议的召开，向世界宣示了国际社会应对气候变化的希望和决心，也体现了各国加强国际合作、共同应对挑战的政治愿景。然而，会议进程并不顺利，在对 2012 年后温室气体的减排目标、对发展中国家的技术转让和资金支持以及发展中国家是否承担减排义务等方面存在严重分歧，会议几乎以失败而告终。12 月 19 日在经过马拉松式的艰难谈判，联合国气候变化大会最终达成不具法律约束力的《哥本哈根协议》后闭幕。②

3. 由制度安排问题转为重构制度问题：气候变化谈判德班平台的开启

《哥本哈根协议》的通过并没有最终解决 2012 年之后全球温室气体减排的具体承担义务问题。因此，联合国在 2010 年墨西哥坎昆召开了第 16 次会议，并在会上通过了《坎昆协议》。然而，尽管《坎昆协议》进一步深化了自"后京都"谈判以来的各项成果，但仍如同《哥本哈根协议》一般，在关于"《京都议定书》的命运、未来气候机制的法律形式和结构，以及发达国家与发展中国家不同待遇的性质和范围上仍没有得到根本性的解决"③。

2011 年联合国气候变化大会第十七次大会即德班会议在南非德班召开。这次会议上，欧盟抛出了气候变化路线图，企图将美国以及中国等发展中国家纳入到全球强制减排行列中。但美国始终坚

---

① See "The United Nations Climate Change Conference in Bali", http: //unfccc. int/meetings/cop_ 13/items/4049. php (last visit on 2015-10-3)

② 关于《哥本哈根协议》通过的具体情况，可参见吕江：《〈哥本哈根协议〉：软法在国际气候制度中的作用》，载《西部法学评论》2010 年第 4 期，第 109~115 页。

③ Lavanya Rajamani, "The Cancun Climate Agreement: Reading the Text, Subtext and Tea Leaves," *International & Comparative Law Quarterly*, Vol. 60, No. 2, 2011, pp. 499-519.

持自《京都议定书》以来的一贯拒绝立场；而中国、印度等发展中国家则强调平等的可持续发展权，以及不可动摇的"共同但有区别的责任"原则。会议在延迟了一天之后，最终达成了一系列的德班决议。其中，通过了《京都议定书》第二期的承诺安排，即《京都议定书》第二期承诺从 2013 年 1 月 1 日起生效，到 2017 年或 2020 年 12 月 31 日结束，发达国家到 2020 年将温室气体排放总量在 1990 年的基础上减少 25% 至 40%。① 然而，加拿大、俄罗斯和日本已明确表示不参加《京都议定书》第二期承诺，美国则一直拒绝承诺强制减排。因此，《京都议定书》第二期承诺将主要由欧盟国家来完成。但是令人遗憾的是，德班会议结束第二天，加拿大就突然宣布退出《京都议定书》②。这无疑给本来就孱弱的全球温室气体减排又蒙上了一层阴影。

自 2012 年联合国气候变化大会第十八次大会即多哈会议起，全球气候变化谈判进入到了另一个新的谈判平台下，即德班平台。德班平台的主要特点在于其开启了联合国气候变化谈判的单轨制模式。

4. 德班平台下的新变化

德班平台的开启使中国步入一个新的谈判阶段。这一谈判阶段带来的问题和挑战，主要表现在以下两个方面：

第一，单轨制是联合国气候变化双轨制谈判终结后创设的一种新的谈判模式。2005 年蒙特利尔气候变化大会启动了一个在《京都议定书》框架下，由 157 个缔约方参加的 2012 年后发达国家温室气体减排责任的谈判进程，为此专门成立了一个新的工作组，即《京都议定书》特设工作组（AWG-KP），并于 2006 年 5 月开始工作。这一工作组的成立打破了原有联合国气候变化谈判模式，启动

---

① See UNFCCC, Outcome of the Work of the Ad Hoc Working Group on Further Commitments for Annex I Parties under the Kyoto Protocol at Its Sixteenth Sessiion.

② See Ian Austen, "Canada Announces Exit from Kyoto Climate Treaty," *The New York Times*, 2011-12-13, A10.

了双轨制的气候变化谈判进程。2007年在印尼巴厘岛召开的《联合国气候变化框架公约》第13次缔约方大会上，又成立了一个长期合作特设工作组（AWG-LCA），最终完成了双轨制的气候变化谈判的模式构架。

不言而喻，双轨制谈判模式启动的直接动因是为将美国纳入到全球控制气候变化的谈判进程中来（美国是当时全球最大的温室气体排放国，但却不是《京都议定书》的缔约国）。但谈判后期发生了新的变化，欧盟等发达国家不仅希望将美国，而且也意图将包括中国在内的其他发展中排放大国纳入到强制减排行列中，提出放弃双轨制，采取单轨制的谈判模式。实际上，这种主张背离了双轨制谈判模式设计的初衷，最终它演变成发达国家与发展中国家不同的应对气候变化谈判立场平台。而双轨制谈判模式也成为维护和体现"共同但有区别的责任"原则的具体表现形式。

从2006年至2012年，联合国气候变化双轨制谈判模式运行了6年，直到2011年德班会议上通过了"德班一揽子决议"，决定建立"德班平台"，取代长期合作特设工作组的工作。2012年，工作组在延续一年之后被正式关闭。与此同时，"德班平台"下构建新的国际谈判机制则开始工作。至此，气候变化双轨制谈判模式终结，联合国气候变化谈判进程在"德班平台"下进入单轨制谈判模式。

第二，德班平台单轨制谈判模式将主导未来联合国气候变化国际制度的发展方向。尽管2012年气候变化多哈会议通过的一揽子决定中依然重申"共同但有区别的责任"原则，但未来联合国气候变化谈判将建立在"德班平台"单轨制下已成既定事实。特别是2012年多哈会议上关闭长期合作特设工作组；2013年4月下旬，德班平台工作第二次会议在德国波恩召开都体现了这种既定事实。

这一系列的联合国气候变化谈判进程的新动向均表明，随着《京都议定书》的逐渐边缘化（加拿大的退出、日本、俄罗斯等国的不承担第二期减排承诺，以及欧盟拒绝量化指标等都是明显的表现），缘于该议定书的双轨制谈判最终将退出联合国气候变化谈判进程的舞台。同时，未来在德班平台下以单轨制模式开展的联合国气候变化谈判将成为出台新的应对气候变化国际制度的主要国际机制。根据《联合国气候变化框架公约》第 17 次缔约方大会的决议，德班平台应在 2015 年或之前拟订出一个可在 2020 年开始生效和执行的、适用于所有缔约方的议定书、另一国际文书或某种具法律拘束力的议定结果。因此，未来气候变化国际制度将有两个新的趋向：一是摆脱《京都议定书》的桎梏，出台一项适用于全体缔约方的国际文件；二是进一步加强制订具有法律拘束力的国际文件。

5. 2015 年《巴黎协定》开启全球新的应对气候变化进程

2015 年 11 月 29 日，联合国气候变化大会第 21 次缔约方会议在法国巴黎如期召开。在经过 14 天的谈判之后，最终出台了《巴黎协定》。这一协议受到各界好评，联合国秘书长潘基文称其为"一次不朽的胜利"①。从完整性的角度来看，《巴黎协定》应包括两个部分，即第 21 次联合国气候变化缔约方会议的《巴黎决议》和附属的《巴黎协定》。尽管前者不具有法律拘束力，但却是对《巴黎协定》具体实施的一个解释性规定。因此，在一定意义上，二者是不可分离的。② 仅就《巴黎协定》而言，它是由序言和 29 个条款构成，其所具有的历史及法律意义包括了如下几个方面：

第一，《巴黎协定》正式启动了 2020 年后全球温室气体减排进程。自 2007 年巴厘路线图以来，关于"后京都"温室气体减排的体制安排就被纳入到历届联合国气候变化缔约方会议中。2009 年缔约方会议意欲出台 2012 年后全球温室气体减排的相关规定，但最终由于各方在减排问题上分歧巨大，仅达成了不具法律拘束力的《哥本哈根协议》。尽管 2011 年德班会议上确定了《京都议定

---

① See UN News Centre, COP21: UN Chief Hails New Climate Change Agreement as 'Monumental Triumph', http://www.un.org/apps/news/story. asp? NewsID=52802#. Vm0TzNKl-DE (last visited on 2016-6-13)。

② 这从《巴黎协定》文本中多次将"第 21 次联合国气候变化缔约方会议的决议"作为《巴黎协定》实施根据也可窥见一斑。

书》第二承诺期（2012—2020）的安排，但由于加拿大、日本以及俄罗斯等国的不参加，使得第二承诺期仅有欧盟等少数国家和区域经济体进行减排。显然，这既不符合欧盟的利益，也严重阻碍了全球温室气体减排的进程。

所幸的是，德班平台得以建立。根据《德班决议》，将在联合国气候变化缔约方会议第 21 次会议上通过一份议定书、另一法律文书或某种有法律约束力的议定结果，并使之从 2020 年开始生效和付诸执行。① 因此，《巴黎协定》在某种程度上是 2011 年《德班决议》实施的直接结果。此外，根据《巴黎协定》序言中提及的"按照《公约》缔约方会议第十七届会议第 1/CP.17 号决定建立的德班加强行动平台"，也可证明这一点。因此，2015 年《巴黎协定》正式启动了 2020 年后全球温室气体减排的进程。这一进程无疑将确保全球温室气体减排得以在前期基础上继续进行，从而挽救了自 2009 年《哥本哈根协议》以来，全球温室气体减排的制度危机。《巴黎协定》是继《京都议定书》之后，《联合国气候变化框架公约》下制度安排的新构建与新起点。

第二，《巴黎协定》首次将发展中国家纳入到全球减排行列。《巴黎协定》最突出的一个特点是将所有缔约方纳入到温室气体减排行列中。这表现在：

一方面，《巴黎协定》要求所有缔约方承担减排义务。例如，《巴黎协定》第 4 条第 4 款规定，发达国家缔约方应继续带头，努力实现全经济绝对减排目标。发展中国家缔约方应当继续加强它们的减缓努力，应鼓励它们根据不同的国情，逐渐实现全经济绝对减排或限排目标。这表明，所有国家均要减排，仅在减排力度上不同而已。无疑，这与《京都议定书》只规定"附件一国家"承担减排义务完全不同，从而意味着发展中国家游离于全球温室气体减排的时代已不复存在。

另一方面，这种将发展中国家纳入减排是有约束力的。这是因为，首先，《巴黎协定》是一份具有法律拘束力的协议，不同于联

① 参见《德班协议》第 4 段。

9

合国气候变化大会历次通过的决议。如果有关国家违反其相关规定，就要承担国际法上相应的国家责任。其次，这也不同于《京都议定书》中对"非附件一国家"的减排规定。发展中国家的减排不再是可有可无的。而且根据《巴黎协定》第3条的规定，"所有缔约方的努力将随着时间的推移而逐渐增加"。这表明，除非有国际法上国家责任的免除情形和《巴黎协定》中的特殊规定，所有缔约方，包括发展中国家的减排任务都应是增加的，而不应是减少的。

第三，《巴黎协定》依然坚持了共同但有区别的责任原则。尽管如上所述，《巴黎协定》将所有国家都纳入了全球减排行列，但仍坚持了共同但有区别的责任原则。这体现在：

一方面，在《巴黎协定》序言中明确强调了共同但有区别的责任原则。《巴黎协定》序言第三段明确指出，推行《公约》目标，并遵循其原则，包括以公平为基础并体现共同但有区别的责任和各自能力的原则。可见，共同但有区别的责任原则仍是《巴黎协定》得以构建的根基，《联合国气候变化框架公约》的缔约方们并没有放弃，而是继《京都议定书》之后，继续沿革了这一原则。

另一方面，从正文文本来看，《巴黎协定》中多处明确指出适用共同但有区别的责任原则。例如，《巴黎协定》第2条第2款规定，本协定的执行将按照不同的国情体现平等以及共同但有区别的责任和各自能力的原则。第4条第3款也规定，各缔约方下一次的国家自主贡献将按不同的国情，逐步增加缔约方当前的国家自主贡献，并反映其尽可能大的力度，同时反映其共同但有区别的责任和各自能力。第19款再次规定，所有缔约方应努力拟定并通报长期温室气体低排放发展战略，同时注意第二条，根据不同国情，考虑它们共同但有区别的责任和各自能力。

此外，从内容来看，《巴黎协定》多处体现了对发展中国家、最不发达国家、小岛屿发展中国家在减缓、适应、损失和损害、技术开发和转让、能力建设、行动和支助的透明度、全球总结，以及为执行和遵约提供便利等体制安排方面给予的特殊规定，充分体现了共同但有区别责任原则在具体实施方面所具有的现实意义。

第四，《巴黎协定》确定了国家自主贡献在全球温室气体减排中的法律地位。《巴黎协定》在联合国气候变化大会的历史上第一次以法律形式确定了国家自主贡献作为 2020 年后全球温室气体减排的基本运行模式。它产生的法律意义在于：

首先，国家自主贡献的模式打破了联合国气候变化谈判的法律僵局。自 1992 年《联合国气候变化框架公约》出台之后，气候变化协议的法律性就一直是谈判的难点。《联合国气候变化框架公约》是在不规定国家具体减排事项的前提下，才促成该公约最终出台。① 而当 1997 年《京都议定书》出台时，又是由于其具有法律性的强制减排，使美国拒绝参加该议定书。② 更有甚者，加拿大甚至于 2011 年宣布退出《京都议定书》。这些都使致力于防止气候变暖的全球努力命悬一线。自 2009 年《哥本哈根协议》以来，联合国气候变化缔约方会议出台具有法律拘束力的协议就成为国际社会关注的重点。各国政要、学者乃至民间组织都旨在为实现这一目标而进行了广泛的制度创新，而《巴黎协定》最终选择了国家自主贡献的减排模式。无疑，这一模式是所有国家，特别是发展中国家亦可接受的一种减排，从而打破了联合国气候变化谈判的法律僵局，为 2020 年后的减排奠定了重要的法律基础。

其次，国家自主贡献突破了全球温室气体减排的模式。与《京都议定书》不同，国家自主贡献的减排模式，不是一种自上而下，而是自下而上的机制安排。这种减排模式的优势在于，每一个国家可从自身能力出发进行减排，从而避免因自上而下的具体减排带来国内经济的发展动荡。它是一种在全球气候变化科学、温室气体减排与经济发展存在不确定性时，从国家理性出发的一种减排策略；亦是一种国际制度安排下可行的"软减排"模式，具有将国

---

① See Daniel Bodansky, "The United Nations Framework Convention on Climate Change: A Commentary," *Yale Journal of International Law*, Vol. 18, 1993, pp. 451-558.

② See Greg Kahn, "The Fate of the Kyoto Protocol under the Bush Administration," *Berkeley Journal of International Law*, Vol. 21, 2003, pp. 548-571.

家声誉等作为达到减排效用的手段和方法。① 因此，从一定意义上而言，《巴黎协定》也开创了一种将软策略纳入到硬法中的国际法创新。

最后，国家自主贡献赋予了发展中国家更多的减排灵活性。国家自主贡献的实质是将发展中国家纳入到全球减排行列。因此，《巴黎协定》赋予了发展中国家更多的减排灵活性，以使未来2020年后全球温室气体减排成为可能。例如，《巴黎协定》第3条规定，作为应对全球气候变化的国家自主贡献……所有缔约方的努力将随着时间的推移而逐渐增加，同时认识到需要支持发展中国家缔约方以有效执行本协定。第4条第3款规定，各缔约方下一次的国家自主贡献将按不同的国情，逐步增加缔约方当前的国家自主贡献，并反映其尽可能大的力度。第6条第8款规定，缔约方认识到，在可持续发展和消除贫困方面，必须以协调和有效的方式向缔约方提供综合、整体和平衡的非市场方法，以协助执行它们的国家自主贡献，包括酌情通过，除其他外，减缓、适应、融资、技术转让和能力建设。第13条第12款规定，本款下的技术专家审评应包括适应审议缔约提供的支助，以及执行和实现国家自主贡献的情况……审评应特别注意发展中国家缔约方各自的国家能力和国情。

第五，《巴黎协定》开创了包括可持续发展机制、全球总结模式在内的新气候变化机制。无疑，新的协议需要新的机制来加以应对。《巴黎协定》在一定程度上是对《京都议定书》的继承，但又不同于前者。因此，在应对气候变化方面，创建新的机制是一种必然选择。为此，《巴黎协定》开创和加强了如下应对气候变化机制：

首先，创建了新的可持续发展机制。《巴黎协定》第6条第4款规定，兹在作为《巴黎协定》缔约方会议的《公约》缔约方会议的授权和指导下，建立一个机制，供缔约方自愿使用，以促进温

① 关于声誉在国际法中的作用，See Andrew T. Guzman, "Reputation and International Law," *Georgia Journal of International and Comparative Law*, Vol. 34, 2006, pp. 379-391.

室气体排放的减缓，支持可持续发展。这一机制的确立与《巴黎协定》中确立国家自主贡献的减排模式具有直接关联，前者也将成为 2020 年全球温室气体减排的主要运行机制。而从其产生的背景来看，可持续发展机制亦与联合国 2015 年通过的 2030 年可持续发展议程密切联系。这从《巴黎决议》中明确提到联合国可持续发展议程可窥见一斑。此外，从《巴黎协定》的第 6 条第 8 款的规定来看，可持续发展机制将包括市场方法和非市场方法两个方面。其具体的机制规则、模式和程序将在"作为《巴黎协定》的缔约方会议的《公约》缔约方会议的第一次会议上通过"（《巴黎协定》第 6 条第 7 款）。

其次，在技术开发和转让方面建立新的技术框架。《巴黎协定》第 10 条第 4 款提出，兹建立一个技术框架，为技术机制在促进和便利技术开发和转让的强化行动方面的工作提供指导。同时，《巴黎协定》也首次将技术开发与转让和资金支助相关联。《巴黎协定》第 10 条第 5~6 款规定，应对这种努力酌情提供支助，包括由《公约》技术机制和《公约》资金机制通过资金手段，以便采取协作性方法开展研究和开发。对技术开发和转让提供的资金支助将被纳入到《巴黎协定》的全球总结中。

再次，创建关于行动和支助的强化透明度框架。《巴黎协定》第 13 条第 1、4~5 款规定，为建立互信并促进有效执行，兹设立一个关于行动和支助的强化透明度框架，并内置一个灵活机制。其透明度框架的安排，是为了实现《联合国气候变化框架公约》第 2 条所列的目标，明确了解气候变化行动，包括明确和追踪缔约方在第 4 条下实现各自国家自主贡献方面所取得进展；以及缔约方在第 7 条之下的适应行动。透明度框架将依托和加强《联合国气候变化框架公约》下设立的透明度安排，包括国家信息通报、两年期报告和两年期更新报告、国际评估和审评以及国际协商和分析。

另外，与《巴黎协定》相关的此次联合国气候变化缔约方会议通过的《巴黎决议》在其第 99 段中亦指出，这一透明度框架的模式、程序和指南应立足于并最终在最后的两年期报告和两年期更新报告提交之后，立即取代第 1/CP.16 号决定第 40 至 47 段和第

60 至 64 段及第 2/CP. 17 号决定第 12 至 62 段设立的衡量、报告和核实制度。由此可见，从《巴黎协定》对透明度框架的创设，其实质在于取代原有的减排检查核实制度，而且透明度框架增加了针对发达国家向发展中国家开展技术转让、能力建设等方面的审评。这将有力地突破原来仅是对减排的核查。而将发展中国家积极要求的技术转让等纳入强制性规定，体现了发达国家与发展中国家在减缓与适用权利义务方面的平衡。

最后，创建了气候变化的全球总结模式。《巴黎协定》第 14 条创立了气候变化的全球总结模式。所谓全球总结模式，是指作为《巴黎协定》缔约方会议的《联合国气候变化框架公约》缔约方会议应定期总结《巴黎协定》的执行情况，以评估实现《巴黎协定》宗旨和长期目标的集体进展情况。《巴黎协定》第 14 条第 2 款规定，将于 2023 年进行第一次全球总结，此后每五年进行一次，除非缔约方会议另有决定。毫无疑问，气候变化的全球总结模式是在《巴黎协定》确立国家自主贡献这一减排模式后，为了更全面地考虑减缓、适应，以及执行和支助中存在的问题，以及顾及公平和利用最佳科学而设立，它将最终成为未来联合国气候变化缔约方会议在考虑加强温室气体减排和适应方面的累积性总结，并在此基础上实现全球应对气候变化的制度安排。

此外，《巴黎协定》在第 15 条还建立了一个促进执行和遵守协议的机制，该机制将由一个专家委员会组成，以促进性的、行使职能时采取透明、非对抗、非惩罚性的方式，该机制将在《巴黎协定》第一次会议通过的模式和程序下运作，并每年向缔约方会议提交报告。

第六，《巴黎协定》仍存在不确定和亟待改进的事项。在正式通过《巴黎协定》之后，参加联合国气候变化谈判的中国气候事务特别代表解振华在其发言中指出，"所达成的协定并不完美，也还存在一些需要完善的内容"①。可见，虽然《巴黎协定》取得了

---

① 徐芳、刘云龙：《〈巴黎协议〉终落槌，中国发挥巨大推动作用》，载新华网 2015 年 12 月 13 日，http://news. xinhuanet. com/world/2015-12/13/c_128525228. htm（最后访问日期：2016 年 6 月 16 日）。

诸多成果，但仍存在一些问题亟待后期解决。

首先，《巴黎协定》仍存在生效问题。2015 年 12 日 12 日，联合国气候变化缔约方会议出台的仅是订立的《巴黎协定》文本，其仍需达到国际条约生效的要件，才能产生法律约束力。根据《巴黎协定》第 20 条第 1 款的规定，《巴黎协定》将在 2016 年 4 月 22 日至 2017 年 4 月 21 日在纽约联合国总部开放供签署。而且根据《巴黎协定》的规定，需要签署"并须经批准、接受或核准"。由此可见，《巴黎协定》将如之前的《京都议定书》那样，惟有经过签署与批准两道立法程序才能对缔约方适用。此外，根据《巴黎协定》第 21 条第 1 款的规定，《巴黎协定》应在不少于 55 个《联合国气候变化框架公约》缔约方，共占全球温室气体排放量的至少约 55% 的缔约方交存其批准、接受、核准或加入文书后第三十天起生效。因此，《巴黎协定》的生效问题仍是其未来的关键点，特别是鉴于美国在《京都议定书》上的消极表现，倘若美国国会仍不拒绝批准《巴黎协定》，那么《巴黎协定》的结局也将极可能再次重蹈《京都议定书》的覆辙。全球应对气候变化也将处于不确定状态。

其次，2015 年至 2020 年间的应对气候变化问题。《巴黎协定》是旨在确定 2020 年后全球温室气体减排与适应的制度安排。在此之前，全球温室气体减排仍将由《京都议定书》来保障。由于分属于两个不同的温室气体减排制度安排，因此不可避免会产生如下问题：

（1）存在《巴黎协定》与《京都议定书》的衔接问题，亦即利用《京都议定书》作出的减排如何与《巴黎协定》中国家自主贡献相衔接。根据《巴黎协定》第 4 条 13 款和第 6 条第 2~3 款的规定，缔约方如果在自愿的基础上采取合作方法，并使用国际转让的减缓成果来实现国家自主贡献，应运用稳健的核算，确保避免双重核算。而且使用国家转让的减缓成果来实现国家自主贡献，应是自愿的，并得到参加的缔约方的允许。由此可见，《京都议定书》项下的减排机制所产生的成果并不一定能纳入到《巴黎协定》项下的国家自主贡献中，而是需要在一定条件下才可以。这就为缔约方之间开启了一个双边的过渡减排协商，其无疑将产生一定程度上的衔接不确定。

（2）2020 年前行动的不确定性。由于《巴黎协定》仅是规定 2020 年后全球应对气候变化的制度安排，因此，2020 年之前的行动被放入此次联合国气候变化缔约方会议通过的《巴黎决议》中的第四部分，即 2020 年之前的强化行动。但从此部分来看，更多地是道义上的强调缔约方尽可能作出最大的减缓、适应、资金等方面的努力，以及对减缓和适应行动的技术审查。尽管《巴黎决议》提出在 2016 年至 2020 年期间，在利马-巴黎行动议程基础上召集高级别会议，但其仍是将缔约方的自愿努力、举措和联盟作为更新的重点。因此，2015—2020 年间的应对气候变化问题，将更多地依赖于国家的自愿行为，而非强制行动。

（3）绿色悖论问题有待于解决。所谓绿色悖论问题，是指由于应对气候变化的相关制度的出台，而在其实施之前采取的一种与减缓与适应相悖的行为，以实现自身经济利益。例如，随时间推移而增加碳税，会鼓励化石能源供给者加速开采，从而导致短期碳排放不降反增。① 无疑，由于《巴黎协定》规定了 2020 年之后的全球温室气体减排，那么如果不考虑其他因素，这一制度安排也将不可避免地产生绿色悖论问题。所幸的是，《巴黎协定》序言指出，认识到缔约方不仅可能受到气候变化的影响，而且还可能受到为应对气候变化而采取措施的影响，以及《巴黎决议》中在其 33、34 段都提出关于"执行应对措施的影响问题"。尽管从文本来看，"采取措施的影响"和"执行应对措施的影响问题"主要是针对减排措施对国家经济发展的影响，但缔约方仍可利用这一机制，尽早展开对气候变化绿色悖论相关政策研究和制定，从而有效防止这一困境的出现。

---

① 参见李玉婷：《气候政策的绿色悖论文献述评》，载《现代经济探讨》2015 年第 8 期，第 88~92 页。亦可参见周肖肖、丰超、胡莹、魏晓平：《环境规制与化石能源消耗——技术进步和结构变迁视角》，载《中国人口·资源与环境》2015 年第 12 期，第 36 页。

再次,《巴黎协定》创立的新的应对气候变化机制存在不确定性。尽管《巴黎协定》在其文本中创建了一系列新的应对气候变化机制,但这些机制,除极个别的,都需要联合国缔约方会议的相关机构进行具体规则的制度创建。例如,《巴黎决议》中第38~41段提出未来的可持续发展机制,将由《联合国气候变化框架公约》附属科学技术咨询机构拟订可持续发展机制的相关规则、模式和程序,并交由《巴黎协定》第一次缔约方会议通过。同样,新建立的技术框架、能力建设委员会、透明度框架、全球总结模式,甚至国家自主贡献的基本标准都需要进行具体的规则建设。无疑,它们的制定、运行都有待于后期的经验检验。

最后,《巴黎协定》的国家自主贡献减排模式仍有待改进。毫无疑问,国家自主贡献减排模式有力地推动了《巴黎协定》的出台,但这种减排模式与《京都议定书》的减排模式相比,仍存在着需要改进的地方。这正如此次联合国气候变化缔约方会议通过的《巴黎决议》第17段所指出的,估计2025年和2030年由国家自主贡献而来的温室气体排放合计总量不符合成本最低的2℃情景,而是在2030年预计会达到550亿吨水平。因此,需要作出的减排努力应远远大于与国家自主贡献相关的减排努力,才能将排放量减至400亿吨,将与工业化前水平相比的全球平均温度升幅维持在2℃以下。因此,未来国家自主贡献减排模式如何发展,将有待于国际社会的进一步努力和创新。

6.《巴黎协定》对次国家气候变化治理的相关规定

《巴黎协定》在对缔约方2020年后应对气候变化作出安排之际,也极力强调了次国家等机构、组织和个人在应对气候变化治理方面的积极作用。这表现在:

第一,《巴黎协定》序言肯定了应对气候变化应尊重其他基本人权。对此,《巴黎协定》指出,承认气候变化是人类共同关注的问题,缔约方在采取行动处理气候变化时,应当尊重、促进和考虑它们各自对人权、健康权、土著人民权利、当地社区权利、移徙者权利、儿童权利、残疾人权利、弱势人权利、发展权,以及性别平等、妇女赋权和代间公平等的义务。由此可见,在执行《巴黎协定》时，应适时地考虑到次国家机构、组织和个人在应对气候变化时的当地社区权利、发展权等方面，牺牲这些权利而进行的应对气候变化并不符合《巴黎协定》的基本目标和宗旨。

第二，《巴黎协定》认识到次国家在应对气候变化方面的重要性。例如，《巴黎协定》序言中指出，申明必须就本协定处理的事项在各级开展教育、培训、宣传，公众参与和公众获得信息和合作，认识到在本协定处理的事项方面让各级参与的重要性，并认识到按照缔约方各自国内立法使各级政府和各行为者参与处理气候变化的重要性。这表明，《巴黎协定》要求在次国家层面上应开展相关应对气候变化的教育、宣传等，国家也应通过立法的形式，使各级政府、组织和个人参与到处理气候变化的活动中。这就为次国家机构、组织和个人从事应对气候变化活动提供了国际法上的重要依据。此外，《巴黎决议》在序言当中，也强调了次国家级主管部门、地方社区和土著人民应开展更有力度的气候行动。在第五部分非缔约方利害关系方时，明确指出"欢迎所有非缔约方利害关系方，包括民间社会……和其他次国家级主管部门努力处理和应对气候变化"。

第三，《巴黎协定》强调了次国家治理在气候变化适应方面的重要意义。《巴黎协定》第 7 条第 2、5 款规定，缔约方认识到，适应是所有各方面临的，具有地方、次国家、国家、区域和国际层面，它是为保护人民、生计和生态系统而采取的气候变化长期全球应对措施的关键组成部分和促进因素。适应行动应当遵循一种国家驱动……酌情包括传统知识、土著人民的知识和地方知识系统，以期将适应酌情纳入相关的社会经济和环境政策以及行动中。无疑，这表明次国家气候治理在适应方面具有更大的优势。它是一种长期策略，且需要与地区情境相结合，才能更好地实现。

第四，《巴黎协定》认可发展中国家的能力建设可在次国家层面展开。《巴黎协定》第 11 条第 2 款指出，能力建设，尤其是针对发展中国家缔约方的能力建设，应当由国家驱动，依据并响应国家需要，并促进缔约方的本国自主，包括在国家、次国家和地方层面。可见，未来应对气候变化的能力建设，在国家驱动的前提下，

18

次国家层面应发挥更大的作用。

（二）湖北省应对气候变化立法研究的国内背景

从一定意义上讲，应对气候变化不仅仅是一个国际问题，也是一个国内问题。特别是随着中国经济的快速发展，气候变化问题对中国经济与环境发展提出了更为严峻的挑战。这主要表现在以下三个方面：

1. 应对气候变化作为环境议题

如同世界上的其他国家一样，在中国，气候变化问题与环境保护是紧密联系在一起的，但它同样又处在一个被逐渐认识的发展过程。1972 年中国派代表团参加斯德哥尔摩人类环境会议成为中国环境保护工作的开端。[1] 1973 年 8 月中国召开了第一次全国环境保护会议，通过了《关于保护和改善环境的若干规定》。这次会议标志着国内环境保护工作正式拉开序幕。[2] 1974 年 10 月 25 日，国务院环境保护领导小组正式成立，开始制定环境保护规划与计划。[3] 1979 年《环境保护法（试行）》正式颁布实施。[4] 1982 年在城乡建设部下成立具有国务院编制的环保局，它成为 1984 年国务院成立的环境保护委员会的主要执行单位，全面负责全国环境保

---

[1] 参见曲格平：《中国环境保护四十年回顾及思考（回顾篇）》，载《环境保护》2013 年第 10 期，第 10 ~ 17 页。

[2] 参见翟亚柳：《中国环境保护事业的初创——兼述第一次全国环境保护会议及其历史贡献》，载《中共党史研究》2012 年第 8 期，第 63 ~ 72 页；林木：《1973 年 12 月：新中国第一部环保法规的制定》，载《党史博览》2013 年第 8 期。

[3] 参见叶汝求：《改革开放 30 年环保发展历程》，载《环境保护》2008 年第 21 期，第 4 页。

[4] 制定环境保护法于 1977 年进入国家立法项目，历时 2 年时间完成。经过十年试行之后，在此基础上，全国人大常委会于 1989 年正式通过《环境保护法》。参见王萍：《环保立法三十年风雨路》，载《中国人大》2012 年第 18 期，第 27 ~ 28 页；孙佑海：《〈环境保护法〉修改的来龙去脉》，载《环境保护》2013 年第 16 期，第 13 ~ 16 页。

护工作。①

　　1988年在政府间气候变化专门委员会（IPCC）成立之际，中国在IPCC的牵头单位是中国气象局。② 同一年，国家环保局升格为国务院直属单位。从1988年起，中国开始积极参与了IPCC的工作。1989年中国组织实施了一项气候变化研究计划，包括40个项目，有大约20个部委和500多名专家参加。③ 1990年国务院环境保护委员会在第18次会议上通过了《我国关于全球环境问题的原则立场》，首次阐明中国在气候变化问题上的立场。④ 同时，会议通过了建立气候变化协调小组的决定。同年10月，由环境、科技和社科部门联合主办了一次为期三天的高层国际会议，会议围绕"90年代的中国与世界"这个主题进行了研讨。这是中国围绕环境问题举办的第一个国际会议。在此会议上，气候变化是其中重要的议题之一。1990年的此次会议还促成了中国政府于1992年建立了中国环境与发展国际合作委员会（国合会，CCICED）。⑤ 这一组织由时任国务院环境保护委员会主任宋健担任首届主席，直到今天，

---

　　① 参见曲格平：《中国环境保护事业发展历程提要（续）》载《环境保护》1988年第4期，第20~21页。

　　② 参见中国气象局官网：《中国参与的IPCC活动》，http://www.cma. gov. cn/2011xwzx/2011xqhbh/2011xipcczgwyh/201110/t20111027_128457. html（最后访问日期：2016年6月3日）。

　　③ 参见［美］易明著：《一江黑水：中国未来的环境挑战》，姜志芹译，江苏人民出版社2012年版，第167页。

　　④ 在该文件中阐明了中国的立场：第一，气候变化对中国产生重要影响；第二，发达国家对造成全球气候变化负主要责任；第三，积极参与全球气候变化谈判；第四，二氧化碳排放限制应建立在保证发展中国家适度经济发展和合理的人均消耗基础上；第五，我国应在发展经济的同时，提高能源效率、开发替代能源、尽量减少二氧化碳排放。但对削减二氧化碳排放指标不作任何具体承诺；第六，开展植树造林活动。参见广州市人民政府办公厅：《转发国务院环境保护委员会关于我国关于全球环境问题的原则立场的通知》，载《广州市政》1990年第12期，第15~23页。

　　⑤ 参见［美］易明著：《一江黑水：中国未来的环境挑战》，姜志芹译，江苏人民出版社2012年版，第167页。

它都是中国重要的环境咨询机构。①

1992 年中国派代表团参加了里约热内卢的环境与发展大会，并在会议上签署了《联合国气候变化框架公约》。此次会议召开一年后，中国成为世界上第一个根据全球 21 世纪议程行动计划制定本国 21 世纪议程的国家，积极促进了中国的可持续发展。② 1998 年，国家环保局再次升格为国家环保总局，成为国务院成员单位，进一步加强了中国在气候变化问题上的工作与谈判。

2. 应对气候变化作为发展议题

1998 年中国经历了一次大的国家机构调整，其中原有的气候变化协调小组被国家气候变化对策协调机构所代替，它由 17 个部门单位组成，并由国家发展计划委员会取代中国气象局作为统筹协调单位。在这一期间，从 2001 年开始国家气候变化对策协调机构组织了《中华人民共和国气候变化初始国家信息通报》的编写工作，并于 2004 年年底向联合国气候变化第十次缔约方大会提交了该报告。③ 2002 年中国正式批准了《京都议定书》，开始积极参与该议定书项下的清洁发展机制项目（CDM）活动。④ 2007 年 1 月，中国成立了应对气候变化专门委员会，它成为国家应对气候变化、

---

① 参见中国环境与发展国际合作委员会官网。http://www.china.com.cn/tech/zhuanti/wyh/node_7039797.htm（最后访问日期 2016 年 6 月 3 日）。

② 参见中国 21 世纪议程管理中心官网。http://www.acca21.org.cn/（最后访问日期 2016 年 6 月 3 日）。

③ 参见国家发展和改革委员会编：《中国应对气候变化国家方案》，2007 年，第 11~12 页。

④ 清洁发展机制项目是《京都议定书》规定的一种国际合作减排机制，它是发达国家与发展中国家进行碳减排合作的主要机制。这一机制具有双重目的，一方面是帮助发展中国家实现可持续发展，并对《联合国气候变化框架公约》的最终目标作出贡献；二是帮助发达国家以较低的成本实现部分温室气体减、限排义务。参见崔少军著：《碳减排：中国经验——基于清洁发展机制的考察》，社会科学文献出版社 2010 年版，第 29 页。

出台政府决策而提供科学咨询的专门机构。① 同年，为进一步加强气候变化的领导工作，由国家应对气候变化领导小组取代了国家气候变化对策协调机构，由国务院总理担任组长，全面负责国家应对气候变化的重大战略、方针和对策，协调解决应对气候变化工作中的重大问题。应对气候变化工作的办事机构设在发展改革委。②

无疑，正如胡锦涛同志在联合国气候变化峰会上所言，"气候变化既是环境问题，更是发展问题"③。中国应对气候变化组织机构的变化，反映了中国对气候变化问题认识的逐步加深。它不仅仅是对气候变化科学的认识，而且更是对中国现阶段国情的深入把握。改革开放为中国带来经济的迅速发展，但同时我们的能源消费也与日俱增。1993 年中国成为石油净进口国。仅十年之后，中国就成为全球第二大石油进口国。到 2007 年，中国能源消费已稳稳占据了全球第二的位置。④ 严峻的能源形势使中国的能源安全面临极大的考验，构建合理的能源对外依存无疑将是中国在未来一段时间内的紧迫任务。⑤

然而，能源的大量开发和利用是造成环境污染和气候变化的主要原因之一。世界各国的发展历史和趋势表明，人均二氧化碳排放量、能源消费量和经济发达水平有明显相关关系。因此，未来随着中国经济的发展，能源消费和二氧化碳排放量必然会持续增长，减缓温室气体排放将对中国现有发展模式提出重大挑战。更为困难的是，中国是世界上少数几个以煤为主的国家，能源结构的调整受到

---

① 参见游雪晴：《中国气候变化专家委员会成立》，载《科技日报》2007 年 1 月 15 日第 3 版。

② 参见中华人民共和国国务院新闻办公室：《中国应对气候变化的政策与行动》，2008 年，第八部分：应对气候变化的体制机制建设。

③ 胡锦涛：《携手应对气候变化挑战——在联合国气候变化峰会开幕式上的讲话》，载《人民日报》2009 年 9 月 22 日第 1 版。

④ 参见中华人民共和国国务院新闻办公室：《中国的能源状况与政策白皮书》，2007 年 12 月 26 日。

⑤ 参见杨泽伟：《中国能源安全问题：挑战与应对》，载《世界经济与政治》2008 年第 8 期，第 52~60 页。

资源结构的制约。这就造成中国以煤为主的能源资源和消费结构在未来相当长的一段时间将不会发生根本性的改变，使得中国在降低单位能源的二氧化碳排放强度方面比其他国家面临更大的困难。①

因此，既要发展经济、消除贫困、改善民生，又要积极应对气候变化，将是当今中国面临的一项巨大挑战。如何能在应对气候变化与发展之间寻找到平衡点，无疑是实现未来中国应对气候变化的关键所在。

3. 应对气候变化作为制度安排议题

随着联合国气候变化谈判的深入，特别是德班平台的启动，构建一个未来新的并富有活力的全球应对气候变化机制，成为当前全球应对气候变化的工作重点。与此同时，随着中国应对气候变化进入一个新的发展阶段，制度安排议题也无疑成为应对气候变化的重点领域。

2009 年 8 月，全国人大常委会作出《关于积极应对气候变化的决议》。该决议指出，要把加强应对气候变化的相关立法作为形成和完善中国特色社会主义法律体系的一项重要任务，纳入立法工作议程；适时修改完善与应对气候变化、环境保护相关的法律，及时出台配套法规，并根据实际情况制定新的法律法规，为应对气候变化提供更加有力的法制保障。②

事实上，自 2008 年以来一系列与应对气候变化有关的相关立法就在不断的出台。例如，《循环经济促进法》、修订后的《节约能源法》都在 2008 年开始实施。同一年，国家发展和改革委员会设立了应对气候变化司，主要从事综合分析气候变化对经济社会发展的影响，组织拟订应对气候变化重大战略、规划和重大政策；牵头承担国家履行《联合国气候变化框架公约》相关工作，会同有关方面牵头组织参加气候变化国际谈判工作；协调开

---

① 参见国家发展和改革委员会：《中国应对气候变化国家方案》，2007 年 6 月，第 19~20 页。

② 参见国家发展和改革委员会：《中国应对气候变化的政策与行动——2009 年度报告》，2009 年 11 月。

展应对气候变化国际合作和能力建设；组织实施清洁发展机制工作；承担国家应对气候变化领导小组有关具体工作。毫无疑问，这一应对气候变化具体机构的设立，从一定程度上加强了中国在气候变化问题上的体制组织建设，有利地促进了中国应对气候变化的制度安排。

2009 年 12 月在哥本哈根气候变化大会刚刚结束之际，中国修订后的《可再生能源法》开始实施。2010 年国家把能源法和大气污染防治法修改纳入到制度立法工作计划中。与此同时，青海省人民政府颁布了中国第一个有关气候变化的地方性规章《青海省应对气候变化办法》。同年，在国家应对气候变化领导小组框架内设立了协调联络办公室，加强了部门间协调配合。2011 年山西省人民政府出台了《山西省应对气候变化办法》。

自 2009 年全国人大提出应对气候变化立法以来，中国从不同层面开始了气候变化立法设计工作。2010 年中国社会科学院与瑞士联邦国际合作与发展署启动了双边合作项目《中华人民共和国气候变化应对法》（征求建议稿）。2012 年 4 月，该建议征求意见稿全文公布。2011 年国家发展和改革委员会委托中国政法大学组织开展中国应对气候变化立法研究。同年 9 月，受国家发展和改革委员会气候变化司委托，中国政法大学和江苏省信息中心承担的"省级气候变化立法研究——以江苏省为例"项目正式启动。与此同时，四川省也正在开展气候变化立法工作。2013 年 11 月中国首部《国家适应气候变化战略》公布，提出了中国适应气候变化的原则和指导方针。此外，一些学者对应对气候变化立法也提出了不同的观点。①

2014 年 11 月，中美共同发表《气候变化联合声明》，中国郑重提出气候变化减缓承诺，即"中国计划 2030 年左右二氧化碳排放达到峰值且将努力早日达峰，并计划到 2030 年非化石能源占一

---

① 参见王灿发、刘哲：《论我国应对气候变化立法模式的选择》，载《中国政法大学学报》2015 年第 6 期，第 113~121 页；赵俊：《我国应对气候变化立法的基本原则研究》，载《政治与法律》2015 年第 7 期，第 80~86 页。

次能源消费比重提高到 20% 左右"①。2015 年 6 月 30 日,中国向《联合国气候变化框架公约》秘书处正式提交了应对气候变化国家自主贡献文件《强化应对气候变化行动——中国国家自主贡献》,承诺"到 2030 年单位国内生产总值二氧化碳排放将比 2005 年下降60%~65%"②。之后,在联合国第 21 次缔约方会议,即气候变化巴黎会议召开之前,2015 年 9 月中美发表第二次《中美元首气候变化联合声明》,积极支持达成 2015 年巴黎气候变化协议。③ 2016年 3 月 31 日,在《巴黎协定》签署前夕,中美发表了第三次《中美元首气候变化联合声明》,承诺中美两国将签署并尽早参加《巴黎协定》。④ 2016 年 4 月 22 日,中国国家主席习近平特使、国务院副总理张高丽在美国纽约联合国总部正式签署《巴黎协定》。⑤毫无疑问,中国在气候变化问题上的积极行动,为全球应对气候变化作出了重要贡献,体现了率先垂范的大国本色。当然,随着联合国气候变化第 21 次缔约方会议通过的《巴黎协定》,当前应对气候变化的制度安排已进入一个全面深入发展的时期。正如习近平主席在巴黎气候变化大会上所言,"巴黎协议不是终点,而是新的起点"⑥。因此,如何制定出一份具有科学性,同时又能适应国内经济建设和国际气候条约的立法就成为未来工作的重点。

---

① 参见《中美气候变化联合声明》,载《人民日报》2014 年 11 月 12 日第 2 版。

② 参见《强化应对气候变化行动——中国国家自主贡献》,载《人民日报》2015 年 7 月 1 日第 22 版。

③ 参见《中美元首气候变化联合声明》,载《人民日报》2015 年 9 月 26 日第 3 版。

④ 参见《中美元首气候变化联合声明》,载《人民日报》2016 年 4 月 2 日第 2 版。

⑤ 参见李秉新、殷淼:《张高丽出席〈巴黎协定〉高级别签署仪式》,载《人民日报》2016 年 4 月 24 日第 1 版。

⑥ 参见中华人民共和国主席习近平:《携手构建合作共赢、公平合理的气候变化治理机制——在气候变化巴黎大会开幕式上的讲话》,载《人民日报》2015 年 12 月 1 日第 2 版。

二、湖北省应对气候变化立法应遵循的原则

（一）湖北省应对气候变化立法应体现国情与省情的结合①

对于湖北省而言，国情与省情的结合是应对气候变化立法现实性的要求，并且它是决定未来区域性气候变化立法是否能在实践中产生效果的关键。

1. 体现国情

"法律是民族特性的法律符号"②，因而要符合本国的现实需求。诚如中国政府总理在 2009 年哥本哈根气候变化会议上的讲话所指出的："中国政府确定减缓温室气体排放的目标是中国根据国情采取的自主行动。"③ 因此，中国省级应对气候变化立法，也应体现中国国情。中国与气候变化相关的基本国情是：

第一，气候条件差，自然灾害较重。中国主要属于大陆型季风气候，大部分地区的气温季节变化幅度要比同纬度地区相对剧烈，很多地方冬冷夏热，夏季全国普遍高温。为了维持比较适宜的室内温度，需要消耗更多的能源。中国气象灾害频发，其灾域之广、灾种之多、灾情之重、受灾人口之众，在世界上都是少见的。④

第二，生态环境脆弱。中国水土流失和荒漠化严重，森林覆盖

---

① 参见杨泽伟：《"后定都时代"中国省级应对气候变化立法研究——以湖北省为例》，载《江苏大学学报》（社会科学版）2013 年第 5 期，第 21~27 页。

② ［美］阿伦·沃森：《法律移植与法律改革》，尹伊君等译，载《外国法译评》1999 年第 4 期，第 13 页。

③ 温家宝：《凝聚共识、加强合作、推进应对气候变化历史进程——在哥本哈根气候变化会议领导人会议上的讲话》（2009 年 12 月 18 日）。

④ 参见国家发展与改革委员会：《中国应对气候变化国家方案》（2007年 6 月 4 日）。

率18.21%，仅相当于世界平均水平的62%。① 中国自然湿地面积相对较少，草地大多是高寒草原和荒漠草原，北方温带草地受干旱、生态环境恶化等影响，正面临退化和沙化的危机。中国大陆海岸线长达1.8万多公里，易受海平面上升带来的不利影响。

第三，中国的一次能源结构以煤为主。目前非化石能源占一次能源消费的比重只有8%，未来相当长时期内，化石能源在中国能源结构中仍占主体地位。② 以煤为主的能源结构，使中国控制温室气体排放的难度很大、任务艰巨。

第四，人口众多。截至2010年11月，中国总人口已达13.7亿，是世界上人口最多的国家。由于人口数量巨大，中国目前人均能源消费水平还比较低，仅为发达国家平均水平的1/3。③

第五，经济发展水平较低。2010年，中国人均国内生产总值刚刚超过2.9万元人民币；按照联合国的贫困标准，还有上亿贫困人口，发展经济、消除贫困、改善民生的任务十分艰巨。④

上述基本国情，决定了中国在应对气候变化领域面临巨大挑战。

2. 结合省情

中国省级应对气候变化立法，结合省情是应有之义。因此，湖北省应对气候变化立法，也应结合湖北省的实际。⑤ 就湖北省来讲，与气候变化相关的基本省情为：

---

① 参见国务院新闻办公室：《中国应对气候变化的政策与行动白皮书》（2008年10月30日）。

② 参见国务院新闻办公室：《中国的能源政策（2012）白皮书》（2012年10月24日）。

③ 参见国务院新闻办公室：《中国的能源政策（2012）白皮书》（2012年10月24日）。

④ 参见国务院新闻办公室：《中国应对气候变化的政策与行动（2011）白皮书》（2011年11月22日）。

⑤ 参见杨泽伟：《"后京都时代"中国省级应对气候变化立法研究——以湖北省为例》，载《江苏大学学报（社会科学版）》2013年第5期，第24页。

第一，自然条件。湖北位于中国中部，地势呈三面高起、中间低平、向南敞开、北有缺口的不完整盆地区域；地貌类型多样，山地、丘陵、岗地和平原兼备，山地约占全省总面积55.5%，丘陵和岗地占24.5%，平原湖区占20%；土地利用类型丰富，有农用地1465.18万公顷，占辖区面积的78.82%；淡水资源十分丰富，水资源总量1268.72亿立方米，居全国第10位；水电资源可开发总量3610万千瓦，居全国第4位；化石能源矿床规模小，储量少，化石能源匮乏；化石能源自给程度不断下降，长期依赖外地购入，化石能源供需缺口巨大；生物资源丰富，生态系统多样，动植物物种品种繁多，且拥有许多珍稀濒危物种；森林面积578.82万公顷，森林覆盖率38.46%，森林蓄积量2.87亿立方米。①

第二，经济社会发展现状。截至2012年末，湖北省城镇3091.77万人，乡村2687.23万人，城镇化率达到53.5%；"十一五"期间，全省生产总值年均增长13.9%、达到15967.6亿元，人均生产总值突破4000美元；一、二、三产业比重为2.8：50.3：36.9。②

第三，自然气候特点。湖北省地处亚热带，位于典型的季风区内，除高山地区外，都属亚热带季风气候，具有四季分明，雨热同季，光、热、水资源较丰富的特点。但因境内地形复杂，资源的地域分布不均。全省大部分地区有冬冷、夏热、春温多变、秋温下降迅速的特点。全省大部分地区年降水量介于800～1600毫米之间，分布趋势由南向北递减。每年6月中旬至7月中旬是梅雨期，雨量多、强度大，防洪抗涝任务重。

第四，能源消费结构特点。湖北省能源消费结构仍以化石能源为主，其中"十二五"期间，煤炭占到55.93%，而非水电的可再

---

① 参见湖北省人民政府：《湖北省应对气候变化行动方案》（2009年12月16日）。

② 参见国家统计局湖北调查总队：《湖北省2012年国民经济和社会发展统计公报》，http://www.stats-hb.gov.cn/wzlm/tjgb/ndtjgb/hbs/hbs/94310.htm。

生能源发电仅占到 2.68%。① 因此，湖北省化石能源消费比重较高，能源结构优化难度较大。

（二）湖北省气候变化立法应借鉴国际与国内的经验

从应对气候变化的立法来看，不仅国内已有少数几个省份率先开展了应对气候变化的立法工作，而且国际社会也有相应的气候变化立法出现，并取得了一定的实践经验。这表现在：目前全球 16 个主要的温室气体排放国家都已将气候变化相关立法提到日程上，其中较为典型的有：

美国。《2005 年能源政策法》给予太阳能等可再生能源补贴；《2007 年能源自主与安全法》加大交通运输中可再生能源消费比例。2004 年，美国加州颁布行政法规，公布该州的减排目标：到 2050 年温室气体排放将比 1990 年的水平低 80%。2006 年，加州通过太阳能补助金计划。2006 年 8 月，加州通过美国历史上第一个温室气体总量控制法《全球温室效应治理法》。2004 年美国东北部 9 个州达成地区协议，控制电厂排放总量，并设立碳交易机制。2010 年 7 月，美国西部 7 州与加拿大 3 个省公布以"总量控制与交易制度"为核心的温室气体减排战略，即西部气候行动战略，未来 10 年内使温室气体排放总量在 2005 年水平上减少 15%。

日本。日本是最早制订与气候变化相关法律的国家。早在 1998 年，日本就通过了《关于采取措施应对全球变暖的法律》（2005 年修订）。

欧盟。欧盟气候变化立法，主要体现在第三次能源与气候变化一揽子规划上，主要的立法有：《2008 年气候与能源一揽子法案》和《2009 年可再生能源指令》等。

英国。2003 年，英国出台《2003 年能源白皮书》，成为世界上第一个提出构建低碳经济的国家。2008 年，英国出台《2008 年

① 参见湖北省人民政府：《"十二五"湖北能源：结构进一步优化》，http://www.hubei.gov.cn/zwgk/zcsd/ztjd/ztjddwq/ztjddwqzw/201510/t20151019_731158.shtml。

气候变化法》，成为世界上第一个以法律形式规定温室气体排放和碳预算的国家。

德国。2000 年德国颁布的《可再生能源法》是气候变化立法中最为成功的立法，成为世界各国仿效的模式。2007 年又推出了《综合气候与能源方案》（2008 年修订）。

发展中国家。2008 年，印度尼西亚通过了《国家气候变化委员会总统条例》。2009 年，菲律宾颁布了《菲律宾气候变化法》。2012 年 4 月，墨西哥通过了《气候变化法》，规定到 2020 年将二氧化碳排放量降低 30%，到 2050 年降低到 2000 年排放量的一半；到 2024 年，可再生能源在墨西哥国家能源中所占比例达到 35%。

正如美国著名法学家霍姆斯（Oliver Holmes）曾经说过："法律的生命不在于逻辑，而在于经验。"[1] 因此，中国省级应对气候变化立法，也应建立在已有的国家实践和立法经验的基础上。事实上，英国、美国、日本、欧盟等主要发达国家和地区，不但在气候变化立法方面走在世界的前列，而且对国际气候变化制度的形成影响较大。例如，早在 2003 年英国就提出了"低碳经济"（low carbon economy）的概念，英国是世界上第一个将温室气体减排目标进行法律规制的国家、是第一个实施"碳预算"（carbon budget）的国家，也是第一个对"碳捕获与封存"（carbon capture & storage，CCS）商业化予以明确法律规定的国家。[2] 所以，中国省级应对气候变化立法，一方面要参考发达国家的气候变化立法模式；另一方面也要结合中国国内已有的法律制度有所发展与创新。

（三）湖北省应对气候变化立法应坚持生态文明与经济转型的协调统一

2013 年 11 月十八届三中全会通过了《中央关于全面深化改革

---

① ［美］奥利弗·霍姆斯著：《法律的生命在于经验——霍姆斯法学文集》，明辉译，清华大学出版社 2007 年版，第 82 页。

② 参见杨泽伟：《发达国家新能源法律与政策：特点、趋势及其启示》，载《湖南师范大学社会科学学报》2012 年第 4 期。

若干重大问题的决定》。该决定指出，要加快生态文明制度建设，建立起系统完整的生态文明制度体系；用制度保护生态环境。毫无疑问，生态文明建设包括了应对气候变化。这就要求我们应尽快地建立起应对气候变化法，用制度的方式来应对气候变化。然而，必须注意的是，生态文明建设与当前中国经济发展确实存在着不协调的地方，但这并不代表着二者不能兼容。相反，生态文明建设是为经济发展提出了更高的要求，同时也促进了经济转型。

实现生态文明与经济转型的协调统一，就是要求经济转型应是将那种粗放型的、对环境有污染的工业向集约型的、向环境友好型的工业进行转换。2010 年国家提出建设战略性新兴产业的目标。[①]无疑，这一目标的提出正是为迈向新的经济转型。在应对气候变化中，新的经济转型理念已经形成，那就是发展低碳经济。因为低碳经济不仅代表着应对气候变化的经济类型，而且也是经济向更高层次发展的一种螺旋式的经济发展模式的回归。

此外，生态文明与经济转型的协调统一还体现在法律体系内部的和谐上。正如美国著名法学家卡多佐（Benjamin Cardozo）曾经指出的："法律体系的均称性、其各部分的相互关系以及逻辑上的协调性，这些都是深深蕴涵在我们法律及法哲学之中的价值。"[②]同样，应对气候变化的法律体系，也应当是一个前后连贯、层次分明、内外协调的有机联系的综合的、全面的统一整体。[③] 因此，中国省级应对气候变化立法，一方面要符合《气候公约》、《京都议定书》、《巴厘岛路线图》、《哥本哈根协议》、《坎昆协议》、《德班会议成果》以及"多哈气候决议"等国际法律文件的要求；另一方面，也应与中国国内已有的相关法律制度协调一致，如在环境保

① 参见中央人民政府官网：《国务院关于加快培育和发展战略性新兴产业的决定》。http://www.gov.cn/zwgk/2010-10/18/content_1724848.htm（访问日期：2016 年 6 月 3 日）

② ［美］本杰明·卡多佐：《法律的成长：法律科学的悖论》，董炯等译，中国法制出版社 2002 年版，第 130 页。

③ 参见李静云：《走向气候文明——后京都时代气候保护国际法律新秩序的构建》，中国环境科学出版社 2010 年版，第 372 页。

护法方面的 1989 年《环境保护法》、1991 年《水土保持法》、1998
年《森林法》、1999 年《海洋环境保护法》、2008 年《水污染防治
法》，在能源法方面的 1996 年《电力法》、2007 年《节约能源
法》、2009 年《可再生能源法》，在产业法方面的 1986 年《渔业
法》、2002 年《清洁生产促进法》、2003 年《农业法》、2003 年
《草原法》、2005 年《固体废物污染环境防治法》、2009 年《循环
经济促进法》，在灾害防御方面的 1998 年《防洪法》、2002 年《水
法》、2007 年《突发事件应对法》、2010 年《气象灾害防御条例》
等，从而避免对同一事项的规定出现相互矛盾和冲突的现象。

（四）湖北省应对气候变化立法应体现促进利益均衡与区域发展的特色

应对气候变化必然会对某些原有的固化的利益形成冲击。因
此，在进行气候变化立法时应同样注意到整个社会系统的稳定，容
易引起较大争议、过于冒进的应对气候变化措施，都是不切实际
的，而且会对社会稳定形成一定的负面作用，从而使本来具有积极
意义的活动不能真正达到其效果。就立法而言，按照美国法学家庞
德（Roscoe Pound）的学说，"法律的作用和任务在于承认、确定、
实现和保障利益，或者说以最小限度的阻碍和浪费来尽可能满足各
种相互冲突的利益"①。因此，中国省级应对气候变化立法，也应
秉持保障社会公共利益的理念，平衡各方利益。

从国际层面来说，虽然气候变化是人类面临的共同挑战，但是
各国是否参与国际合作的关键仍在于国家利益。② 事实上，在当今
全球气候政治舞台上，出现了形形色色的国家利益集团，它们复杂
的内部关系已经完全超越了 20 世纪 60 年代以来所谓"南北鸿沟"
或"两个世界"的简单二分法。其中，发展中国家内部不同利益

---

① 沈宗灵著：《现代西方法理学》，北京大学出版社 1992 年版，第 291
页。

② 参见曾文革等著：《应对全球气候变化能力建设法制保障研究》，重
庆大学出版社 2012 年版，第 206 页。

集团，如小岛国联盟①、最不发达国家以及中国、印度、巴西和南非等"基础四国"②等集团间的利益诉求也有很大差别。③就国内层面而言，各省、各地区和各个行业在应对气候变化问题的态度和利益也有差别。以湖北省为例，湖北正处于工业化、城市化加速发展阶段，工业用能仍将居高不下，交通、能源等基础设施将持续大规模建设和发展，能源需求将刚性增长，到2020年湖北能源需求量将达到3.6亿吨标准煤左右。④这种不可持续的能源增长趋势带来的长期排放快速增长惯性，给湖北省控制二氧化碳排放带来了巨大压力。同时，从产业结构和能源利用水平来看，湖北重化工特征突出，第三产业比重逐年下降，产业重型化格局短期内难以改变。然而，湖北又是一个气候变化的敏感区域、易受气候变化的不利影响。因此，湖北省应对气候变化立法，要针对各行业的不同情况，做出科学、合理的安排，兼顾各方利益之间的平衡，而不仅仅是为了保护个别群体或集团的利益。

当然，均衡利益不代表没有区分，不代表应对气候变化的平均主义。相反，应通过制度安排，实现本区域在应对气候变化上的灵活发展。只有这样，即将应对气候变化的区域特色体现出来，才能既从实际意义上应对了气候变化中的消极影响，又能促进区域经济社会的稳定发展。

---

① 小岛国联盟成立于1990年，由43个成员国和观察员组成，包括新加坡及来自非洲、加勒比海、印度洋、地中海、太平洋和南中国海的小岛国。其宗旨是为加强在全球气候变化下有着相似的发展挑战和环境关注的脆弱小岛屿与低洼沿海国家在联合国体制内的话语权。

② "基础四国"是指中国、印度、巴西和南非，其称呼来源于四国英文的首字母缩写"BASIC"，基础之意也喻指中国、印度、巴西和南非是当今世界上最重要的发展中国家。

③ 参见杨泽伟主编：《发达国家新能源法律与政策研究》，武汉大学出版社2011年版，第296页。

④ 参见湖北省人民政府：《湖北省应对气候变化行动方案》（2009年12月16日）。

第一编

《湖北省应对气候变化办法(草案)》案文

第一章 总 则

第1条【立法目的】 为有效控制温室气体排放，科学应对气候变化，推进生态文明建设，提升应对气候变化的意识和能力，实现"三维纲要"引领湖北经济社会发展，落实"创新、协调、绿色、开放、共享"五大发展理念的目的，特制定本办法。

第2条【适用范围】 在湖北省行政区域内开展应对气候变化活动，应遵守本办法。本办法适用于本行政区域内与应对气候变化相关的所有国家机关、企事业单位、社会团体和公民。本办法应自生效之日起，适用于全省，除紧急状态或国家法律规定以外。

第3条【应对气候变化定义】 本办法所称气候变化，是指除因气候的自然变异之外，由于人为活动直接或间接改变地球大气组成而造成的气候变化。应对气候变化，是指为减缓和适应气候变化所采取的各项法规、政策和行动。

第4条【指导方针】 应对气候变化应与本地区社会经济发展水平相适应，发展低碳经济，促进能源革命，大力推进生态文明建设，加强全社会应对气候变化的意识和能力，扩大在清洁能源领域的国际合作，积极应对气候变化。

第5条【应对气候变化遵循的原则】 应对气候变化应坚持可持续发展的理念和减缓与适应并重的原则，在科学应对的基础上，积极促进能源革命与转型，以及全社会的广泛参与。

第6条【统筹规划制度】 县级以上人民政府应将应对气候变化和低碳发展纳入国民经济和社会发展规划中统筹考虑、协调推进，并确保应对气候变化目标同国家及上级应对气候变化规划相衔接，作为本行政区域国民经济和社会发展规划的重要依据。

第7条【政府责任制度】 湖北省各级人民政府应对本行政区域

内应对气候变化工作负责。湖北省发展和改革委员会是本省应对气候变化的主管部门，具体负责温室气体减排、适应气候变化等与应对气候变化相关的综合协调、组织实施和监督管理。各级人民政府应当组织、协调解决本行政区域内应对气候变化工作中的重大问题，将区域节能和碳排放控制作为地方人民政府及其主要负责人考核评价的重要内容；并督促本行政区域内国家机关、企事业单位、社会组织和个人落实应对气候变化相关工作目标和措施。县级以上人民政府有关部门应当在各自职责范围内做好应对气候变化的相关工作。

第二章　应对气候变化的减缓措施

第8条【总体要求】 县级以上人民政府应当严格执行国家和省推进生态文明建设、实现"三维纲要"的法律法规和政策，加强制度创新和机制建设，有效控制温室气体排放，采取科学的减缓措施，应对气候变化。

第9条【产业结构】 推进产业结构调整，构建结构优化、技术先进、清洁安全、附加值高、以低碳排放为特征的低碳产业体系。加快新型工业化，促进传统产业的低碳化改造，培育高技术产业和战略性新兴产业；推广低碳农业技术，发展高效率、低能耗、低排放、高碳汇的低碳农业；大力发展生产性服务业，重点发展关联性强的、拉动性大的服务业，引导新兴服务业的加速发展。

第10条【能源结构】 优化能源结构，发展低碳能源。促进火电的高效清洁利用，加快水能、太阳能、生物质能等可再生能源开发，适时发展核电，减少化石能源利用，提高清洁能源使用比重。

第11条【节能降耗】 加强能源节约，提高能源利用效率，降低单位产值能耗和单位产品能耗。县级以上人民政府应加强节能工作，坚持总量控制与强度限制相结合，严格节能目标责任考核，加快推进合同能源管理，着力推动工业、交通、建筑、公共机构等重点领域的节能降耗。

第12条【循环经济】 深化和扩大循环经济试点工作，从生产、流通、消费各个环节入手，逐步建立和推广园区循环经济、区域循环经济以及跨区域大循环经济区发展模式，提高资源综合利用水平。

第13条【低碳试点示范】 推进低碳城市、低碳园区、低碳社区和低碳企业试点示范工作，加强对试点示范工作的统筹协调和指导，制定低碳试点的建设规范、检测体系和评价标准，研究并贯彻落实支持试点的财税、金融、投资、价格、产业方面的配套政策，定期对低碳试点示范进展情况进行跟踪评估。

第14条【碳市场建设】深入推进碳排放权交易，完善制度体系，扩大市场规模，鼓励金融创新，逐步建成要素明晰、制度健全、交易规范、监管严格的碳交易市场。

第15条【碳排放权交易管理】实行碳排放总量控制下的碳排放权交易。省发展和改革委员会负责碳排放总量控制、配额管理、交易、碳排放报告与核查等工作的综合协调、组织实施和监督管理，建立碳排放权注册登记系统。县级以上人民政府应当加强对碳减排工作的领导。

第16条【温室气体排放统计核算报告】按照国家统计指标体系，做好能源活动、工业生产过程、农业活动、废弃物处理和土地利用变化与林业领域的温室气体排放基础数据统计工作，建立完整的温室气体排放数据信息系统；实行钢铁、煤炭等重点排放单位直接报送能源和温室气体排放数据制度。将控制温室气体排放目标纳入县级以上人民政府的经济社会发展规划和年度计划，构建政府、行业、企业温室气体排放基础统计、核算和报告工作体系，加大督查考核力度。

第17条【工业措施】强化从生产源头、生产过程到产品的碳排放管理，形成低能耗、低污染、低排放的工业体系。推进供给侧改革，加快淘汰落后产能，对不符合节能减排要求的技术、工艺、设备实行强制淘汰制度，使供给体系更好适应需求结构变化。重点控制钢铁、石化、纺织、汽车等行业的工业生产过程温室气体排放。严格执行高耗能产品能耗限额、主要终端用能产品能效等强制性国家标准，鼓励用户选用低碳产品，禁止生产、进口和销售达不到最低能效标准的产品。

第18条【农业措施】调整农业产业结构，推广低碳农业技术，控制和减少农牧业活动中温室气体的排放量。实施农业面源污染防治工程，减少农田氧化亚氮排放。应用畜禽养殖废弃物减量化技术和水稻半旱式栽培技术，有效控制禽畜养殖业甲烷和氧化亚氮排放，降低稻田甲烷排放强度。大力发展户用沼气和大中型沼气，建设农村秸秆气化工程。

第 19 条【交通措施】加强综合交通运输体系建设，优化交通运输结构，促进各种交通运输方式协调发展和有效衔接。逐步形成布局合理、无缝衔接、便捷高效的综合交通运输枢纽，提高运输效率，控制交通领域温室气体排放。鼓励研发、生产、推广、使用低耗能、低排放的运输装备，重点开展节能与新能源汽车、节能环保船型等示范推广。倡导低碳出行，优先发展公共交通，完善公共交通服务体系，鼓励利用公共交通工具出行以及使用非机动交通工具出行。

第 20 条【建筑措施】优化城市规划和功能布局，鼓励建筑节能科技创新，加快既有建筑节能改造，确保新建筑严格执行建筑节能标准，实行国家公共建筑室内温度控制制度，减少建筑物能耗。积极推广绿色建筑和可再生能源建筑，建设可再生能源建筑应用示范项目。

第 21 条【固体垃圾处理】制定强制性垃圾分类回收标准，提高垃圾的资源综合利用率。全面实施生活垃圾收费制度，逐步实现垃圾源头削减、回收利用和最终无害化处理的全过程治理。研究开发和推广利用先进的垃圾焚烧技术、规模化垃圾填埋气回收利用和堆肥技术，控制垃圾处理中的温室气体排放。

第 22 条【城镇污水处理】加快建设城镇污水处理及再生利用设施，提升基本环境公共服务水平、促进主要污染物减排、稳步提升污水处理能力、加大配套管网建设力度。加强污水处理厂升级改造，加大城镇污水配套管网建设力度。全面提升污水处理能力。

第 23 条【生活措施】县级以上人民政府应倡导文明、节约、绿色、低碳的消费模式和生活习惯。推广绿色标识产品，鼓励使用低能耗产品和服务，逐步推行家居和工作碳消耗的可测量化。

第 24 条【森林碳汇】鼓励和支持林业建设，加强天然林保护、退耕还林和植树造林力度，提高森林生产力，改造低产低效林，提高森林生产率和蓄积量。要实施林业增汇的重点工程，推进华中林业生态屏障、三峡库区和丹江口库区森林生态、沿江防护林、碳汇林业示范等重点工程建设，增加森林碳汇。

  第 25 条【农田碳汇】加强农田保育，提升土壤有机碳含量。实施沃土工程，推广秸秆还田、增施有机肥、精准耕作技术和少耕、免耕等保护性耕作措施，增加农田碳汇。

  第 26 条【湿地碳汇】加快湿地生态系统的恢复、保护和建设，实施湿地公园、湿地自然保护区建设和重要江河水系、湖泊湿地恢复等工程，完善湿地保护管理体系，提高生态系统的固碳能力。重点建设神农架、星斗山、石首麋鹿、后河等国家级自然保护区，九峰山、玉泉寺等国家森林公园，龙感湖等国家湿地自然保护区。继续推进洪湖、梁子湖、神农架大九湖等重点湿地、亚高山湿地恢复与保护等重点工程建设。

  第 27 条【城市绿地碳汇】构建城市园林绿地系统，合理布局城市各类公园。因地制宜建设街头绿地和街头小游园，加强行道树种植，丰富绿化空间景观，形成结构完善的公共绿地体系。利用城市防护绿地体系与生产绿地，增加城市绿地碳汇。

第三章 应对气候变化的适应措施

第28条【总体要求】 各级人民政府应采取有效措施和行动，提高适应气候变化的能力和水平；积极开展气候变化影响评估及气候可行性论证，将气候变化风险管理纳入防灾减灾体系。

第29条【农业、渔业】 加强农业基础设施建设和农田基本建设。调整种植与品种结构，优化农作物布局。大力开展渔业资源养护工程，修复渔业生态。

第30条【林业】 加强对长江中下游防护林等重点森林资源的保护，提高森林植被在气候适应和迁移过程中的竞争能力和适应能力。预防和治理水土流失和土地石漠化，促进自然生态的恢复。

第31条【水资源】 科学规划和合理配置、利用水资源。加强水利基础设施的规划和建设，严格执行国家取水许可、水资源有偿使用和节约用水管理制度。提高水资源系统应对气候变化的能力，基本建立山洪地质灾害监测预警系统和群测群防体系，增强全省山洪综合治理能力。

第32条【旅游业】 县级以上人民政府及其相关部门应当坚持发展旅游产业与建设生态文明相结合，在科学利用原生态和自然生态旅游资源的同时，倡导各地方以技术创新和生态保护带动旅游产业升级转型，缓解气候变化带来的负面影响。

第33条【生态系统领域】 建立健全生态安全动态监测预警体系，定期对生态风险开展全面调查评估。

第34条【人民健康领域】 加强评估气候变化对健康的影响和服务能力，建立因极端天气事件对人体健康监测预警网络，并进行监测、分析和评估，提高人民适应气候变化的能力。

第35条【城市领域】 将适应目标纳入城市发展目标，在城市相关规划中充分考虑气候承载力。提高城市建筑和基础设施抗灾能力。加强城市防洪防涝与调蓄、公园绿地等生态设施建设。推进海绵城市建设，大力建设屋顶绿化、雨水花园、储水池塘、微型湿地、下沉式绿地、植草沟、生物滞留设施等城市"海绵体"，增强城市海绵能力。

第 36 条【气象领域】气象主管机构应当会同有关部门加强极端天气气候事件监测预警和气象灾害风险管理，开展生态和环境气象服务。

第 37 条【协作领域】省人民政府及县级以上地方人民政府应当建立气候变化适应和灾害应对的通报和协作机制，采取切实可行的措施，应对气候变化可能产生的灾害和威胁。

第四章　应对气候变化的保障措施

第38条【组织保障】 各地、各部门应加强应对气候变化工作的组织领导，建立和完善各地、各部门应对气候变化工作的协调机制，把应对气候变化纳入地区国民经济和社会发展总体规划，制定符合本地区、本部门实际的应对气候变化具体措施，以实现"绿色发展"、"低碳发展"。

第39条【规划保障】 编制土地利用总体规划、城乡规划、环境保护规划、生态保护建设规划、水资源规划和水土保持规划等规划时，要充分考虑湖北省情，征求各方意见、进行科学论证，同时要注意扶持对应对气候变化有重要意义的行业和保护对应对气候变化有重要意义的地区。

第40条【财政保障】 县级以上人民政府应安排一定的应对气候变化工作专项资金并纳入财政预算；建立专项引导资金，重点支持应对气候变化的重点工程、能力建设、示范试点，确保资金落实到位；发挥政府投资的引导作用，多渠道筹措资金，吸引社会各界资金投入应对气候变化的共同事业；积极利用外国政府、国际组织等双边和多边基金，支持开展气候变化领域的科学研究与技术开发。

第41条【技术保障】 县级以上人民政府和有关部门应加大科研投入，大力开展产学研联合，重点支持应对气候变化研究开发项目，进一步提高应对气候变化的能力。组织开发和示范有重大节能减排作用的共性和关键技术。重点研究分布式供能系统，研发高效、清洁和零排放的化石能源开发利用技术和低成本、高效率的可再生能源新技术以及碳捕获和封存技术等。

第42条【宣传保障】 各级人民政府应当进一步提高政府领导

干部应对气候变化的意识和决策水平。要加强应对气候变化方面的
"低碳日"宣传活动，充分发挥新闻媒介的舆论监督和导向作用，
倡导低碳生活，提高全社会应对气候的意识。教育主管部门应把气
候变化方面的知识纳入中小学素质教育的内容。完善气候变化信息
发布的渠道和制度，拓宽公众参与和监督渠道，形成应对气候变化
的良好社会氛围，促进广大公众和社会各界参与减缓全球气候变化
的行动。

第43条【温室气体核算制度】 湖北省发展和改革委员会会同
有关部门组织开展湖北省温室气体清单编制和二氧化碳排放核算工
作。县级以上人民政府应将温室气体排放等基础统计指标纳入政府
统计指标体系。

第44条【专家咨询制度】 地方各级人民政府应设立气候变化
专家咨询委员会，由与气候变化和能源相关的第三方专家组成。委
员会主要负责向各级人民政府提供应对气候变化的专家建议，并在
相关政府部门配合下，出台相关应对气候变化的咨询意见、报告等
制度性文件。

第45条【评价与考核体系】 县级以上人民政府应将应对气候
变化指标完成情况纳入地方经济社会发展综合评价和年度考核体
系，作为政府领导干部综合考核评价和国有及国有控股企业负责人
业绩考核的重要内容。

第五章　应对气候变化的监管责任

第 46 条【职责分工】节能减排（应对气候变化）领导小组是湖北省应对气候变化领导机构，其机构办公室设立在省发展和改革委员会，并在其机构办公室的领导下设立湖北省应对气候变化专家委员会。湖北省各级人民政府行政主管部门应在省节能减排（应对气候变化）领导小组框架下，在各自职责范围内，对本行政区域内有关应对气候变化工作实施监督管理。

第 47 条【行政监督与权力监督】上级人民政府应当加强对下级人民政府应对气候变化工作的业务指导、技术培训和监督检查。各级人民政府应当每年向同级人民代表大会常务委员会报告气候变化应对职责履行情况。

第 48 条【统筹规划】行使监督管理权的部门应结合自身职责，组织调查研究，开展气候变化的影响评估、指导和管理，全面推动气候变化应对监管的科学性。编制土地利用总体规划、城乡规划、环境保护规划、生态保护建设规划、水资源规划和水土保持等与气候变化相关的制度性文件时，应当征求有关单位和社会的意见并进行科学论证，充分考虑气候变化及其应对对社会经济发展的影响，与国家应对气候变化的法律法规及政策保持一致。

第 49 条【标准与规范制定】湖北省人民政府应经科学论证后，制定不低于国家应对气候变化的相关标准与规范，在本行政区域内适用，并报国家发展和改革委员会和相关主管部门备案。湖北省人民政府对国家在温室气体排放控制等减缓与适应气候变化未作规定的项目，可以制定地方标准和规范，并报国家发展和改革委员会和相关主管部门备案。

第 50 条【指导与检查】各级人民政府及其有关部门应对用能

单位开展经常性监督。行使监督管理权的部门，有权对管辖范围内的温室气体排放单位进行现场检查，被检查单位应当如实反映情况，提供必要的资料。检查机关有义务为被检查单位保守检查中获取的商业秘密。对未完成温室气体减排任务、超过低碳标准排放温室气体和违反节能减排管理规定的单位，监管部门应当向社会公布、曝光，使其接受社会和媒体的监督。

第 51 条【对国家工作人员的处分】国家机关、事业单位和国有及国有控股企业工作人员在应对气候变化工作中，违反本办法规定，玩忽职守、徇私舞弊、滥用职权的，依法给予行政处分；情节严重，造成重大损失或构成犯罪的，依法追究法律责任。

第六章　附　　则

第 52 条【概念用语含义】本法中下列用语的含义是：

（一）温室气体，是指大气中那些吸收和重新放出红外辐射的自然和人为的气态成分。包括二氧化碳（CO_2）、甲烷（CH_4）、氧化亚氮（N_2O）、氢氟碳化物（HFCs）、全氟化碳（PFCs）、六氟化硫（SF_6）和湖北省发展和改革委员会公布的其他气体物质。

（二）气候变化的减缓，是指通过经济、技术、管理等政策、措施和手段，努力控制温室气体排放，增加碳汇。

（三）气候变化的适应，是指采取积极主动的适应行动，充分利用有利因素，结合本地区实际情况，减少因气候变化造成的对自然和经济社会发展的不利影响。

（四）碳汇，是指从大气中清除温室气体、气溶胶或温室气体前体的任何过程、活动或机制。

第 53 条【生效日期】本办法自 20××年　月　日开始实施。

第二编

《湖北省应对气候变化办法(草案)》释义

第一章 总 则

一、概 述

以国内和国际出台的应对气候变化的立法来看，总则部分有不同的规定。其具体表现在：

第一，青海省是全国第一个出台《应对办法》的省份，共有28条，其总则部分为5条，而且包括了应属于国家、政府在应对气候变化方面的权责和义务。所以严格地说，其总则部分只有3条。

第二，山西省是全国第二家出台《应对办法》的省份，共有57条，其总则部分为6条，与青海相似，其4、5、6条也应属于国家、政府在应对气候变化方面的权责和义务，所以严格地说，其总则部分也只有3条。

第三，中国社科院研究项目组起草的《中华人民共和国气候变化应对法》（征求意见稿）（以下简称中国社科院项目组），共有115条，其总则部分为18条，是国内所有应对气候变化文本中最为全面的。

第四，国家发展和改革委员会的《中华人民共和国应对气候变化法》（初稿）（以下简称国家发展和改革委员会的初稿），共有39条，其总则部分为5条。

此外，就各国而言，根据"全球国际"这一非政府组织的统计，到2013年1月24日，全球共出台了广义上的286份与气候变化相关的立法；而以"气候变化法"立法形式出现的只有三个国家（墨西哥、菲律宾和英国）。

基于以上分析，本《草案》在总则部分包括了立法目的、适用范围、基本原则、制度安排四个部分，共计 7 条。

二、具 体 释 义

第 1 条【立法目的】

【拟规条为】为有效控制温室气体排放，科学应对气候变化，推进生态文明建设，提升应对气候变化的意识和能力，实现"三维纲要"引领湖北经济社会发展，落实"创新、协调、绿色、开放、共享"五大发展理念的目的，特制定本办法。

【解释】在立法目的上，国内已有的四份气候变化立法及草案对此的表述分别为：

青海省：为加强应对气候变化工作，提高全社会应对气候变化的意识和能力，推动跨越发展、绿色发展、和谐发展、统筹发展，建设资源节约型、环境友好型社会，落实生态立省战略，根据相关法律、法规的规定，结合本省实际，制定本办法。

山西省：为控制温室气体排放，提高减缓与适应气候变化的能力，增强全社会应对气候变化的意识，推动转型发展、跨越发展，建设资源节约型、环境友好型社会，促进经济发展与人口、资源、环境相协调，根据《中国应对气候变化国家方案》等相关规定，结合本省实际，制定本办法。

中国社科院研究项目组：为控制和减少温室气体的排放，科学应对全球和区域气候变化，促进我国经济和社会的可持续协调发展，制定本法。

国家发展和改革委员会的初稿：为控制温室气体排放，应对全球气候变化，促进低碳发展，保障国家气候安全，推进生产文明建设，实现经济社会可持续发展，制定本法。

其中，四者的共同点在于：第一，都强调立法中心乃在于应对气候变化；第二，都强调了发展，是其根本。

不同点在于：第一，青海省和山西省更强调发展的类型，无论是跨越式，还是和谐式；而中国社科院研究项目组仅强调可持续发展，至于如何发展没有涉及；国家发展和改革委员会的初稿的条文强调了低碳发展和可持续发展两个方面。第二，青海省、山西省强调应对气候变化旨在建设两型社会，而中国社科院研究项目组对此没有规定。第三，青海省强调生态立省战略，山西省旨在"促进经济发展与人口、资源、环境相协调"。第四，山西省、中国社科院研究项目组与国家发展和改革委员会的初稿都强调"为控制温室气体排放"。第五，在立法依据上，青海省是"根据相关法律、法规"，山西省是"根据《中国应对气候变化国家方案》"。

我们的观点是：

第一，中国社科院研究项目组的条文最简单。从其立法意图来看，宏观性的条文使其在气候变化立法方面能容纳下更多的与气候变化相关的内容。这种方式的优点在于，不依赖于短期目标，着眼于长期发展。

第二，山西省和中国社科院研究项目组都提出"为控制温室气体排放"。我们认为，尽管控制温室气体排放是应对气候变化的应有之义，但强调控制温室气体排放符合当前国际和国内社会对气候变化的认同，即自工业革命以来，人为温室气体排放是全球气候变暖的主要原因。

第三，中国社科院研究项目组的第二句"科学应对全球和区域气候变化"。国家发展和改革委员会的初稿从立法理念上更高一层：体现了科学与气候变化的关系，体现了立法与科学的关系，较好。但为更准确体现科学应对，我们将其修改为"科学应对气候变化"。

第四，国家发展和改革委员会的初稿中提出"推进生态文明建设"。毫无疑问，无论从国家的方针政策，还是未来中国发展走向来看，坚持生态文明建设将是一条必由之路。因此，此处我们也将"推进生态文明建设"纳入条文中。

第五，山西省、青海省都提到了提高全社会应对气候变化的意识。此处，我们吸收了青海省规定，即提高全社会应对气候变化的意识和能力。因为除提高意识以外，能力建设同样是应对气候变化的一个主要方面。

第六，青海省、山西省都提到"结合本省实际"。此处，我们也考虑到通过湖北省在结合本身情况下，提出的"三维纲要"，即"绿色决定生死、市场决定取舍、民生决定目的"，来实现十八届五中全会提出的五大发展理念，即"创新、协调、绿色、开放、共享"理念。

基于以上分析，我们给出的表述是：为有效控制温室气体排放，科学应对气候变化，推进生态文明建设，提升应对气候变化的意识和能力，实现"三维纲要"引领湖北经济社会发展，落实"创新、协调、绿色、开放、共享"五大发展理念的目的，特制定本办法。

第 2 条 【适用范围】

【拟规条为】 在湖北省行政区域内开展应对气候变化活动，应遵守本办法。本办法适用于本行政区域内与应对气候变化相关的所有国家机关、企事业单位、社会团体和公民。本办法应自生效之日起，适用于全省，除紧急状态或国家法律规定以外。

【解释】 从适用范围来看，青海省和山西气候变化办法都没有直接规定适用范围。

中国社科院研究项目组规定了这一条文，即在中华人民共和国境内和管辖的其他海域，国家、企事业单位、社会团体、个人开展与气候变化相关的经济、社会、文化、生活等活动，适用本法。

我们的观点是：

从适用范围的立法学角度来看，它应包括属人、属地和属时三个方面。因此，本条文在设计时，规定了三个方面：

第一，属地。在湖北省行政区域内开展应对气候变化活动，应遵守本办法。

第二，属人。本办法用于本行政区域内与应对气候变化相关的所有国家机关、企事业单位、社会团体和公民。

第三，属时。本办法应自生效之日起，适用于全省，除紧急状态或国家法律规定以外。

基于以上分析，我们给出的表述是：在湖北省行政区域内开展应对气候变化活动，应遵守本办法。本办法适用于本行政区域内与应对气候变化相关的所有国家机关、企事业单位、社会团体和公民。本办法应自生效之日起，适用于全省，除紧急状态或国家法律规定以外。

第3条 【应对气候变化的定义】

【拟规条为】本办法所称气候变化，是指除因气候的自然变异之外，由于人为活动直接或间接改变地球大气组成而造成的气候变化。应对气候变化，是指为减缓和适应气候变化所采取的各项法规、政策和行动。

【解释】从立法而言，关于术语的解释一般纳入到附则部分。我们的观点是：

此处在第三条凸显"应对气候变化的定义"是基于以下考虑。

第一，对气候变化概念的准确把握，是应对气候变化的关键节点。只有开宗明义，才有正确的应对举措。例如，山西省将自然原因引起的气候变化也纳入到立法中，显然是没有正确理解气候变化。因为自气候变化问题进入人类规制的视野以来，一直强调的是"人为"引起的气候变化，是要通过立法回归到"自然"的气候变化上，而并不是所有的气候变化都要进行规制。

第二，从《联合国气候变化框架公约》到国家发展和改革委员会的初稿，均在总则部分规定了应对气候变化的定义。

第三，国家发展和改革委员会的初稿把"应对气候变化"定义为：本法所称气候变化，是指由于人为活动直接或间接改变地球大气组分，致使气候变化显著改变或者持续较长一段时间的变动。本法所称应对气候变化，是指为了减缓和适应气候变化所采取的经济、行政、法律、科技、教育、宣传、外交、国际合作等方面的政策、措施与行动。

国家发展和改革委员会的初稿这一条文规定较好，但由于

"显著改变或者持续较长一段时间的变动"，从立法的角度来看，并不好把握。因此，借鉴了《联合国气候变化框架公约》中的定义，即"除因气候的自然变异之外，由于人为活动直接或间接改变地球大气组成而造成的气候变化"。

基于以上分析，我们给出的表述是：本办法所称气候变化，是指除因气候的自然变异之外，由于人为活动直接或间接改变地球大气组成而造成的气候变化。应对气候变化，是指为减缓和适应气候变化所采取的各项法规、政策和行动。

第4条【指导方针】

【拟规条为】应对气候变化应与本地区社会经济发展水平相适应，发展低碳经济，促进能源革命，大力推进生态文明建设，加强全社会应对气候变化的意识和能力，扩大在清洁能源领域的区域和国际合作，积极应对气候变化。

【解释】青海省、山西省和国家发展和改革委员会的初稿中均未规定指导方针的条款。

中国社科院研究项目组规定了指导方针，即气候变化应对坚持以节约能源、更新能源结构、优化产业结构、发展低碳经济、加强生态保护和建设为重点，以科学技术进步和创新为支撑，加强宣传教育，促进国际合作，不断提高气候变化应对的能力，为保护全球和区域气候作出积极贡献。

我们的观点是：

我们在建议稿中设立了指导方针。这是因为：第一，指导方针是对国家基本国策的反映；第二，指导方针是对国家在气候变化原则和立场上的基本反映；第三，指导方针是强调本区域应对气候变化的重点和方向的把握。

第一句话"应对气候变化应与本地区社会经济发展水平相适应"。这句话旨在表明两点：第一，强调重视应对气候变化与省情的结合。应对气候变化不能脱离地区社会经济发展水平，盲目地、过高标准地应对气候变化是违反客观规律的。更重要的是，它与国家在应对气候变化的行动和方式是相吻合的。例如，国家对"十二五"单位国内生产总值二氧化碳排放下降目标进行分解时，各省（自治区、直辖市）单位国内生产总值二氧化碳排放下降指标是不同的。① 这充分考虑了应对气候变化与本地区社会经济发展水平相适应的认识。第二，应对气候变化与本地区社会经济发展水平相适应，也与气候变化的"共同但有区别的责任"原则相一致。这突出表明，我们不仅是在遵守国内的相关规定，同时亦是积极地完成我们在《联合国气候变化框架公约》下的相关承诺。②

第二句话"发展低碳经济，促进能源革命"。这句话的重点亦是两个方面，一个是低碳经济。毫无疑问，低碳经济已成为当前中国经济发展一种全新的模式。低碳经济发展是随着全球应对气候变化的加深而提出的新的发展理念。③ 它要求经济发展应建立在低碳基础之上，并将其作为衡量经济发展是否科学的一个重大指标。改革开放以来，中国经济的高速发展受到世界各国瞩目。然而，我们经济中却存在着高消耗、低产出的发展弊端，改变这一发展模式无疑是未来中国经济可持续发展的根本要求。显然，应对气候变化带来的低碳经济理念与中国经济转型具有相当大的契合性。加强低碳经济发展不仅有利于应对气候变化，而且也有助于中国寻找到新的经济增长点。④

另一个是能源革命。这是由中国的能源结构、现有的能源安全

---

① 参见国家发展和改革委员会：《中国应对气候变化的政策与行动：2013 年度报告》，2013 年 11 月，第 5 页。

② 关于"共同但有区别的责任"原则的具体发展和规定，参见吕江：《"共同但有区别的责任"原则的制度性设计》，载《山西大学学报（哲社版）》2011 年第 5 期，第 117～121 页；See also C. Stone, "Common but Differentiated Responsibilities in International Law," *American Journal of International Law*, Vol. 98, 2004, pp. 276-301.

③ "低碳经济"一词最早出现在英国 2003 年能源白皮书中，该白皮书的题目为《我们的能源未来——创建低碳经济》。

④ See Scott Moore, "Strategic Imperative? Reading China's Climate Policy in terms of Core Interests," *Global Change*, *Peace & Security*, Vol. 23, No. 2, 2011, pp. 147-157.

决定的。首先，中国能源结构短期内难以发生根本改变。到20世纪80年代，欧美国家已完成工业革命以来能源结构由煤向多元化发展的路径，这里面既有政治成因，也有从国家战略角度出发的考虑。① 而同一时期，中国经济的起飞却完全与煤炭能源联系在一起，时至今日这种格局未有打破；自然禀赋决定了这一点，中国经济的发展阶段也决定了这一点。因此，在不同的能源情境下，特别是在发达国家已改变了以煤为主的能源结构之时，中国应对气候变化与之相比存在更多的困难。其次，据BP《2012年世界能源统计年鉴》，2011年中国的新能源（核电、水电及可再生能源）仅占能源消费总量的7.4%。② 而根据我国"十二五"规划，到2015年非石化能源占能源消费总量的比重要达到11.4%。由此可见，随着中国新能源布局的全面铺开，未来非石化能源的比重将逐渐上升。最后，能源安全保障体系有待进一步加强。1993年，中国从石油净出口国转变为净进口国之后，能源安全问题日益凸显。2003年起，我国提出"开源节流"的安全观③，一方面加强国内能源建设，通过西气东输等重点项目扩大天然气等资源的利用；另一方面则着手于多边能源外交，与中东、非洲等石油出口国进一步强化能源合作，与俄罗斯等独联体国家以及缅甸加紧能源管网建设。毫无疑问，这些都有助于保障中国的能源安全。然而必须承认的是，我们能源安全保障体系的构建仍滞后于经济发展的现实需要，未来能

---

① 毫无疑问，西方现代化的开启是建立在煤炭之上的；没有煤炭，亦没有西方的现代文明。参见吕江，谭民：《能源立法与经济转型——以英国工业革命缘起为中心》，载于中国法学会能源法研究会编：《中国能源法研究报告2011》，立信会计出版社2012年版，第34~45页。而摒弃煤炭，向能源多元化发展，西方国家却走了不同的道路。例如英国是通过国内政治变革实现的。日本是从国家战略角度出发的，而美国则依赖石油的经济成本改变了能源结构。

② See BP, *BP Statistical Review of World Energy* 2012, London：BP p. l. c. , 2012.

③ 参见杨泽伟：《中国能源安全问题：挑战与应对》，载《世界经济与政治》2008年第8期，第52~60页。

源安全保障亟待进一步强化。毫无疑问，能源结构的调整、能源安全的保障都离不开能源变革，只有加强能源变革，才能实现真正的应对气候变化。

第三句话"大力推进生态文明建设"。这句话主要是强调了环境问题的重要性。特别是十八届三中全会通过的《中共中央关于全面深化改革若干重大问题的决定》中，明确提出要"锐意推进生态文明体制"，"用制度保护生态环境"。环境问题在中国社会经济发展过程中日益突出，推进生态文明就是要尽可能地实现经济发展与生态环境相协调。气候变化与环境问题是紧密联系在一起的，气候变暖造成海平面的上升，极端天气的加剧都影响到我们赖以生存的环境。特别是近年来，中国大中型城市雾霾天气的激增已引起全社会的关注。因此，应对气候变化也要从更全面的环境角度来考虑，通过低碳经济和能源变革实现生态文明的总体架构。

第四句话"加强全社会应对气候变化的意识和能力"。总体而言，当前，全社会在应对气候变化和低碳理念上仍存在较大的差距。尽快在全社会中普及应对气候变化的重要性和低碳意识具有特别重要的意义。在这一方面，2012年12月在习近平总书记主持召开的中共中央政治局会议，审议通过了改进工作作风、密切联系群众，厉行勤俭节约的决定，对全社会起到重要的引导示范作用。并且国务院决定从2013年起设立"全国低碳日"。另一方面，要加强应对气候变化的能力建设。例如，在加强温室气体统计核算方面，我们要建立更为系统全面准确的核算统计指标体系，加强对温室气体清单的编制工作，开展政策研究和教育培训。加强应对气候变化科研创新和制度创新的能力。

第五句话"扩大清洁能源领域的区域与国际合作，积极应对气候变化"。2010年国际能源署发布了《2010年能源技术展望》，该报告通过设立情景进行分析，发现"几乎所有未来能源需求和排放量增长都发生在非经合组织国家。因此，加快低碳技术向非经合组织国家的扩散是一个关键挑战，特别是对于快速增长的大型经济体如巴西、中国、印度、俄罗斯和南非"①。正是基于中国能源需求和排放的现实考虑，中国亟须在清洁能源建设上开展积极的区域与国际合作。这是因为：

第一，清洁能源区域与国际合作是中国获得技术和资金的快捷渠道。清洁能源建设与一般传统意义上的能源发展是不同的，它强调对能源技术的利用。无疑，区域与国际合作是加快应用清洁能源技术的主要手段之一，通过合作，尽快地引进国外先进的低碳技术，或者通过合作，与国外科研机构建立合作研究项目，都是加速清洁能源发展的有利途径。此外，即使我们拥有一定的低碳技术，通过区域与国际合作，同样可以实现技术的优化。从技术转移的理论来看，一个成功的技术转移必须具备三个要素：技术受让者需要某一技术，技术转让者愿意出让该技术，以及技术交易的成本能被双方所接受。然而，正如国际能源署所指出的，目前的技术扩散已有别于传统上的技术转移理念，即技术知识从较高技术能力的国家流向较低技术能力的国家；而是形成了技术在发达国家、非发达国家与建立强大生产基地并依靠自己成为出口国的新兴经济体之间的多方流动。特别是以中国为代表的一些新兴经济体正在迅速提高自身开发和应用关键低碳技术的能力。因此，在清洁能源技术扩散方面，发达国家应关注技术交易的重新定位，支持低碳技术转让，同时积极帮助新兴国家成为技术开发者和市场参与者。② 而且，随着碳捕获与封存技术（一种清洁能源技术）分享机制的构建，双方间的合作将有一个更大的空间。

第二，新能源合作是中国争夺国际清洁能源话语权的重要一步。在当前的国际能源市场中，客观地讲，我们没有掌握过多的主动权。然而，清洁能源发展正是国际能源领域的一次有力的转型。当前国际清洁能源发展框架尚未完全建立起来，这就为中国积极从

---

① 参见国际能源署：《2011 年能源展望（执行摘要）》，巴黎，2010年，第 7 页。

② 参见国际能源署：《2011 年能源展望（执行摘要）》，巴黎，2010年，第 7 页。

事清洁能源建设，发挥自身技术和资金优势，在未来的国际清洁能源制度机制中占领一席之地提供了良好的机遇。而清洁能源的国际合作正是实现中国在国际新能源话语权的重要一步，通过这种合作，中国可以将自己的清洁能源理念、价值和思想扩展到全球，为中国未来的能源发展提供一种具有优势的国际地位。

基于以上分析，我们给出的表述是：应对气候变化应与本地区社会经济发展水平相适应，发展低碳经济，促进能源革命，大力推进生态文明建设，加强全社会应对气候变化的意识和能力，扩大在清洁能源领域的区域和国际合作，积极应对气候变化。

第5条【应对气候变化遵循的原则】

【拟规条为】应对气候变化应坚持可持续发展的理念和减缓与适应并重的原则，在科学应对的基础上，积极促进能源革命与转型，以及全社会的广泛参与。

【解释】第一，可持续发展原则

从目前已出台的各省应对气候变化办法和中国社科院研究项目组征求意见稿来看，在可持续发展原则上的定义是不同。青海省、山西省和国家发展和改革委员会的初稿中都没有直接列出该原则。对此条的表述也颇为简单。

青海省的规定是：应对气候变化工作应当遵循结合实际、统筹规划。

山西省：应对气候变化应根据科学发展观的要求，坚持在可持续发展框架下应对气候变化的原则。

中国社科院研究项目组：气候变化应对坚持绿色和低碳发展，统筹气候保护和经济、社会协调发展的原则。

可持续发展理论大致经历了三个发展阶段：

第一阶段：可持续发展理论的萌芽阶段。可持续发展理论最早可追溯到19世纪末，美英关于白令海海豹捕猎争议。其中，尽管美国是出于经济考虑，但其提出的辩护观点已隐约涉及可持续发展概念的范畴——"摧毁人类福祉所依赖的任何来源是一种犯罪……地球是人类的永久居所，每代人仅享有使用的权利，自然法则禁止实施对后代不利的任何浪费行为"。① 二战期间以及战后一段时间，无论是《大西洋宪章》对获取自然资源物资的宣称、《杜鲁门宣言》对大陆架主权的扩展，还是第一次海洋法会议中通过的《捕鱼及养护公海生物资源公约》，都开始关注于自然资源的可持续发展。但真正将可持续发展提上日程的，还是起源于环境议题。

第二阶段：可持续发展概念的提出。1972 年在瑞典斯德哥尔摩召开了联合国人类环境会议，通过了《斯德哥尔摩宣言》，提出了有关环境保护的 26 项原则，其中多项原则与后来可持续发展概念有着直接的渊源。1982 年联合国大会通过的《世界自然宪章》第一次使用了"可持续发展"一语。但是，真正准确阐述可持续发展概念的国际文件是 1987 年由世界环境与发展委员会发布的《我们共同的未来》（又称"布伦特兰报告"）的报告。该报告为可持续发展下了一个简单明了的定义："满足当代的需要，且不危及后代满足其需要的能力的发展"② 这一概念最终被 1992 年在巴西里约热内卢召开的联合国环境与发展会议所采用，成为现在国际社会最为通行的可持续发展概念。

第三阶段：可持续发展理论的发展。自里约环发会议之后，可持续发展概念被应用到各个领域中。从国际法角度而言，一方面，可持续发展概念进入到国际环境、生物保护、海洋资源以及能源等诸多国际公约中；另一方面，国际法院、国际海洋法庭以及各国国内法院等的国际国内判例中，可持续发展概念被广泛提及。③

---

① 转引自［荷兰］尼科·斯赫雷弗著：《可持续发展在国际法中的演进：起源、涵义及地位》，汪习根、黄海滨译，社会科学文献出版社 2010 年版，第 12 页。

② World Commission on Environment and Development, *Our Common Future*, Oxford：Oxford University Press, 1987, p. 43.

③ 参见［荷兰］尼科·斯赫雷弗著：《可持续发展在国际法中的演进：起源、涵义及地位》，汪习根、黄海滨译，社会科学文献出版社 2010 年版，第 78~139 页。

毫无疑问，可持续发展最明确的概念就是"布伦特兰报告"中提出的，满足当代的需要，且不危及后代满足其需要的能力的发展。然而，随着社会经济的发展，这一概念远不能适应当前国际社会的要求。因此，不同的学者开始不断充实可持续发展概念，其中，荷兰著名国际法学家尼科·斯赫雷费在总结其他观点的基础上，提出多元概念的可持续发展，即可持续发展概念应包括七项要素——可持续利用的自然资源、健全的宏观经济发展、环境保护、时间要素（暂时性、长久性与及时性）、公众参与与人权、善治，以及一体化与相互联系。他指出，"可持续发展是一个多元概念。可持续发展的概念经历了长期的发展历程，从持续利用自然资源的最初涵义，最终演变为倾向于以人为本且具有社会经济性质的概念"。①

正如可持续发展概念及其理论在当代的发展，本建议稿中可持续发展原则已不是单纯的环境意义上的概念，而是一个具有多元意义的，强调和谐发展的可持续发展。

第二，科学应对原则

青海、山西以及社科院的征求意见稿中都有科学应对原则的表述，但只社科院的征求意见稿是以一条原则的形式提出的，并有两款。同时，青海、山西在涉及应对气候变化的原则内容时，都只用了一条进行表述。它们具体是：

青海省的规定：应对气候变化工作应遵循结合实际、统筹规划、突出重点、科学应对、广泛合作、公众参与原则。

山西省：应对气候变化应根据科学发展观的要求，坚持在可持续发展框架下应对气候变化的原则，遵循《联合国气候变化公约》规定的"共同但有区别的责任"原则、减缓与适应并重原则，将应对气候变化的政策与其他相关政策有机结合的原则，依靠科技进步和科技创新的原则，积极参与、广泛合作的原则。

---

① ［荷兰］尼科·斯赫雷弗著：《可持续发展在国际法中的演进：起源、涵义及地位》，汪习根、黄海滨译，社会科学文献出版社 2010 年版，第194 页。

中国社科院项目组：坚持科学应对气候变化的原则，依靠科技进步、创新和科学管理积极应对气候变化。

气候变化应对应当充分发挥科技进步、科技创新和技术引进在减缓和适应气候变化中的先导性和基础性作用，大力发展清洁能源技术和节能技术，促进碳吸收技术和各种适应性技术的发展，实现经济和社会运行的全过程节能减排。

根据对以上规条的总结，我们认为，社科院的表述更为合理，但其第二款存在将能源变革与科学应对压缩在一起的表述，是不科学的。

什么是气候变化的科学应对原则？怎么对待气候变化才是科学的？近年来，气候变化已引起国际社会的普遍关注，而与之对应的气候变化法亦被提上各国立法日程。[①] 毋庸讳言，作为一项重要的制度预设，无论从法制史，还是科学史的图景来审视，法律对于科技进步都具有不可替代的作用；特别是在创新潜能的发挥与国际科技竞争中，法律更扮演着至关重要的推动角色。[②] 而一部良好的科技立法也正是建立在尊重科学史实，并按照科学发展的规律加以制定的基础之上。本建议稿认为只有承认科学悖论在科学进步中的意义，承认蕴含科学悖论的制度预设之重要性，才能制定出一部科学的气候变化法，才能从根本上促进气候科学的进步和相关技术的创新。

------

① 2013 年 1 月 14 日，国际非政府组织环球国际与英国伦敦经济学院格兰瑟姆研究所联合发布了最新的《全球气候立法研究》（第 3 版），其中指出，截至 2012 年末，全球与气候变化相关的立法已增至 286 项，涉及中、美和欧盟等近 33 个全球最大经济体，而且这一立法趋势仍在不断增长。See Terry Townshend, Sam Fankhauser, & Rafael Aybar et al., *The Globe Climate Legislation Study* (3rd ed.), London: GLOBE International, 2013.

② 参见［美］哈罗德·J. 伯尔曼著：《法律与革命（第一卷）：西方法律传统的形成》，贺卫方等译，法律出版社 2008 年版，第 115~118 页。［美］托比·胡弗著：《近代科学为什么诞生在西方》（第 2 版），周程，于霞译，北京大学出版社 2010 年版，第 114~140 页。

此处我们无意于对气候变暖的科学性及其可能带来的负面影响给予质疑，而是旨在指出气候变化科学悖论存在的可能性。这具体表现在如下三个方面：

第一，气候变化科学属于蕴含悖论的复杂性科学。所谓复杂性科学（complexity science），是研究复杂性与复杂系统中各组成部分之间相互作用所涌现出复杂行为、特性与规律的科学。① 20 世纪初，以量子论和相对论的创立为标志，开创了人类史上最伟大的科学革命。二战后系统论、控制论等纷纷进入科学领域，20 世纪 70 年代科学又出现从协同学、突变论向非线性科学的转向。无疑，21 世纪的复杂性科学正是建立在这些新的科学研究方法上，而气候变化科学属于复杂性科学，也正体现在它的非线性上。

1974 年在瑞典斯德哥尔摩召开的气候物理基础和气候模拟国际会议上，第一次明确提出了气候系统的概念。会议最后的总结报告中指出："在了解地球气候的形成和变化机制中，我们面对一个极其复杂的物理系统，这个系统不仅包含着我们比较熟悉的大气行为，而且还包含我们所了解不多的世界海洋、冰体和陆地表面各种各样的变化。除了物理过程以外，还有复杂的化学、生物过程影响着气候，也影响着地球上人类和其他有生命的世界，这些过程在各种不同的时间和空间尺度上有着复杂的相互作用，并构成一个耦合的气候系统。"② 因此，气候变化科学不是一个局部的、静止的和线性的科学，而是一个全球的、动态的和非线性科学，在大气与海洋、陆地等非大气部分之间不能做简单地划界，它们是一个相互作用的复杂系统。

既然气候系统是一个强迫耗散的非线性系统。那么在非线性问题上，作为科学研究的基础——数学，特别是纯数学是无法应用

---

① 李士勇编著：《非线性科学及其应用》，哈尔滨工业大学出版社 2011 年版，第 5~6 页。

② 转引自丑纪范编著：《大气科学中的非线性与复杂性》，气象出版社 2002 年版，第 34~35 页。

的，而以非线性微积分为基础的大型计算机的数值模拟也存在着巨大的缺陷。一方面，非线性微积分解析方程，除极其个别的外，根本不可能求出解析解；另一方面，在人们设计初值时本身就存在局限性，无法避免生存环境的不断演变。换言之，我们只能逼近全局，而无法达到全局。因此从理论上讲，当前我们对气候变化科学的研究仅仅是一个开始，远未达到真正掌握气候变化规律的情境。是以，在这样一种科学语境下，必须充分意识到气候变化的非线性，以科学的角度对气候变化作出解释，而不是得出一种武断的结论。① 因为"只有我们真正认识了这些复杂的、不断变化的相互作用，在生态系统所能承受的限度内开发利用其资源，我们所做的维持生态系统平衡的努力才能最好地保护自然"。②

第二，气候变化科学的历史也揭示出气候悖论存在的可能性。到目前为止，气候变化的科学研究主要有两种方法，一是上文所说的数值模拟方法；另一种则是历史类比方法，即从气候变化的历史出发，寻找气候变化的规律性以及相似性。众所周知，地球大约形成于 45 亿年前的冥古宙时期，此时的地球是灸热的，围绕它的大气则是富含二氧化碳的岩石蒸汽。而随着地球逐渐冷却，在 38 亿年前适宜生命的地球大气最终形成。之后，尽管地球经历了极寒（新元古代时期）和极热（白垩纪时期）的天气，但地球表面的温

---

① 中国科学院院士，著名气候学家丑纪范教授曾权威性地指出："全球变暖这个词，指的是年代际的全球的温度变化，……，20 世纪 90 年代异常温暖，从全球角度来看，这 10 年是自 100 多年前有了准确的记录以来最暖的年份，就这个时间尺度而言，全球变暖现象是一个不争的事实。但问题是在没有人类活动的影响的时候，10 年左右的全球平均温度并不是不变的，也是时暖时冷，这叫做自然变化。问题是现在的全球变暖究竟是由于人类活动还是自然变化引起或两者共同作用的结果，科学家还没有一致的看法，还在争论着，至于对未来气候变化的预测更是包含有许多不确定性。"丑纪范编著：《大气科学中的非线性与复杂性》，气象出版社 2002 年版，第 23~24 页。

② ［美］约翰·H. 霍兰著：《隐秩序——适应性造就复杂性》，周晓牧，韩晖译，上海科技教育出版社 2000 年版，第 4 页。

度始终保持在适合于生命生存的范围之内。① 那么，是什么决定了气候变化，当前科学研究已逐渐表明，从百万年或者更长的时间尺度来看，构造运动（火山、造山运动、大陆漂移）是影响气候变化的主导因素。从数万年的时间尺度来看，地球环绕太阳轨道的变化能更强烈地影响气候变化。而从百年来看，大气温室气体的含量的变化是影响气候的最重要的因素。从数十年来看，大气粒子，尤其是硫酸盐气溶胶载荷的变化可以影响气候，部分抵消二氧化碳的增加。②

因此，把这些因素综合起来就可以发现，短期的气候变暖可以被大气粒子所影响，③ 中期的则会被地球环绕太阳轨道所影响，④ 而试图永远变暖则在地球演化中从未发生过。所以，气候变暖或变冷势必取决于不同的时间尺度。至于人类工业活动与气候变暖的关系，作为权威的政府间气候变化专门委员会（IPCC）也非常谨慎地指出，只是"变暖的原因之一"⑤，而是不是变暖的主导因素，

---

① 参见美国国家研究委员会固体地球科学重大研究问题委员会著：《地球的起源和演化：变化行星的研究问题》，张志强等译，科学出版社 2010 年版，第 86~90 页，第 94~95 页。

② 参见美国国家研究委员会固体地球科学重大研究问题委员会著：《地球的起源和演化：变化行星的研究问题》，张志强等译，科学出版社 2010 年版，第 83 页。

③ 例如，1991 年菲律宾皮纳图博火山喷发引起约一年时间全球温度稍低于常年。参见 ［美］斯潘斯 · R. 沃特著：《全球变暖的发现》，宫照丽译，外语教学与研究出版社 2008 年版，第 160~161 页。

④ 根据塞尔维亚科学米卢廷 · 米兰科维奇的理论，地球气候的冰期是由于地球偏离绕日轨道造成的。绕日轨道随着时间而发生变化，这个周期是 10 万年，同时伴随着地球自身的摆动，也引起气候变化。根据这一理论，当前我们正处于温暖的间冰期，至于何时进入寒冷的冰期则存在不同的观点。参见 ［美］S. 弗雷格 · 辛格、丹尼斯 · T. 艾沃利著：《全球变暖——毫无来由的恐慌》，林文鹏，王臣立译，上海科学技术文献出版社 2008 年版，第 39~40 页。

⑤ 政府间气候变化专门委员会：《政府间气候变化专门委员会第四次评估报告——气候变化 2007 综合报告》，第 5 页。

还需要进一步的科学研究。①

第三，气候变化的负面影响也仍然存在着悖论。毫无疑问，在第三纪末发生的气候变冷，森林退化为草原，对人类的起源起了不可忽略的作用，而里斯冰期时人类与环境斗争，使之又掌握了第一种能源"火"，可见，气候变冷对人类进步而言具有重大意义。② 然而，这并不能说明气候变暖则都是负面的。例如，印度文明是在全球气候变暖的时期出现的；罗马帝国的扩大也得益于温暖的气候环境。③ 同样，对于中国，我们发现也存在这种悖论。例如，唐朝的建立与辉煌之期，正是气候变暖的时期（比现今气温高出约1℃），而明清时气候转冷，旱涝灾害同时也增多了。④ 因此，简单地以气候变冷或变暖作为灾害和社会兴衰的发生不具有严格的决定意义。

此外，根据2013年最新出台的政府间气候变化专门委员会第五次评估报告，国家应对气候变化战略研究和国际合作中心IPCC课题组指出，"该报告饱受不确定性的困扰，这使得我们在未来面临着排放目标和与排放空间数量边界的不确定性和应对气候变化技术经济措施不确定性的双重不确定性，这是来自自然界和社会经济系统不确定性的叠加。这就要求我们在确定应对气候变化目标的战

---

① 例如，中世纪的温暖期时，温度比现在还要高，但并没有工业化的影响，这需要科学家给予更多的解释。此外，关于气候变暖的否定方面，也有学者在对冰芯的研究基础上，提出1500年的全球气候变化周期的理论。参见［美］S. 弗雷格·辛格、丹尼斯·T. 艾沃利著：《全球变暖——毫无来由的恐慌》，林文鹏、王臣立译，上海科学技术文献出版社2008年版，第37～51页。更多地对气候变暖否定的观点，也可参见［加］劳伦斯·所罗门著：《全球变暖否定者》，丁一译，中国环境科学出版社2011年版。

② 参见［法］帕斯卡尔·阿科特著：《气候的历史——从宇宙大爆炸到气候灾难》，李孝琴等译，学林出版社2011年版，第3、74页。

③ 参见［日］田家康著：《气候文明史》，范春飚译，东方出版社2012年版，第106～109页。

④ 参见葛全胜等著：《中国历朝气候变化》，科学出版社2010年版，第106～107，91～93页。满志敏著：《中国历史时期气候变化研究》，山东教育出版社2009年版，第164～186，255～290页。

略决策中，进一步发展处理不确定性的科学思维和正确方法，以一种辩证的眼光既重视不断探索这样的一个目标趋势、形成不断逼近更精确目标的机制和过程，又不陷入对排放目标和排放空间数值简单机械的理解"。①

第三，能源革命原则

青海、山西以及国家发展和改革委员会的初稿在原则部分均没有涉及能源革命原则。只有中国社科院项目组涉及该原则，但将其放在了科学应对原则中。有关具体表述，见上一条的立法解释。

我们认为，规定能源革命原则是由于气候变化的原因和结果都与能源密切相关，碳减排主要的减排领域是在能源。因此，能源革命对于应对气候变化、实现低碳经济是较为关键的。能源革命，简单地理解，就是指人类利用能源的各种变化。这种变化可大可小，小可以小到仅是对某一能源使用的技术、方式的很小改变，大可以大到整体能源体系的变化。这种变化中包含了量的变化，但起实质性作用的则是质的改变，而无论大小。因此，它又含有革命性的意蕴。人类能源发展正是在能源变革中不断前进的，从火到柴薪，从煤炭到石油，乃至今天的新能源发展都无处不体现能源变革的身影。因此，可以毫不讳言地讲，能源革命是人类能源发展的直接动力。

在所有的石化能源中，煤的碳排放最高，石油其次，天然气最后。因此，在能源结构调整，能源整体布局上，应逐渐向天然气过渡，尽可能地减少碳排放。从世界各国以及人类能源发展历程来看，无论是今天减排突出的欧盟，还是页岩气革命著称的美国，都旨在将石化能源中的天然气作为应对气候变化的一种主要策略。但这不意味着对煤炭资源的放弃，相反，由于中国自然禀赋以煤为

---

① 参见国家应对气候变化战略研究和国际合作中心 IPCC 课题组：《探索复杂气候变化的里程碑》，载《瞭望》2013 年 11 月 5 日 http：//www.lwgcw.com/NewsShow.aspx? newsId=33455（访问日期：2016 年 10 月 3 日）

主，因此，在碳捕集、利用和封存技术方面应开展更积极的研究和利用。① 从石化能源走向新能源、可再生能源，是能源利用的一次变革。风能、太阳能等可再生能源没有碳排放问题，加强这种可再生能源的发展是世界能源变革的潮流。

更为重要的是，2014年6月13日，中共中央总书记、国家主席、中央军委主席、中央财经领导小组组长习近平主持召开的中央财经领导小组第六次会议上，发表重要讲话，强调能源安全是关系国家经济社会发展的全局性、战略性问题，对国家繁荣发展、人民生活改善、社会长治久安至关重要。面对能源供需格局新变化、国际能源发展新趋势，保障国家能源安全，必须推动能源生产和消费革命。推动能源生产和消费革命是长期战略，必须从当前做起，加快实施重点任务和重大举措。是以，习近平总书记提出了中国能源革命的新高度，而能源变革正是能源革命常态化的具体反映。而加大新能源产业、清洁能源产业的发展，正是能源革命的积极要求，从另一角度而言，其亦是治理气候变化的关键点。

第四，减缓与适应并重原则

青海没有该原则的相关表述。山西省的规定有此条的表述，即应对气候变化应根据科学发展观的要求，坚持在可持续发展框架下应对气候变化的原则，遵循《联合国气候变化公约》规定的"共同但有区别的责任"原则、减缓与适应并重原则，将应对气候变化的政策与其他相关政策有机结合的原则，依靠科技进步和科技创新的原则，积极参与、广泛合作的原则。

中国社科院项目组：气候变化应对坚持适应与减缓并重的原

---

① 碳捕集、利用和封存技术，在国际上称为碳捕获与封存技术，即CCS。它是一项大规模温室气体减排的技术，它将化石燃料燃烧过程中释放的二氧化碳收集起来，并将其储存于特定地点，例如废旧的矿井和海底油气田等。该技术具有使单位碳排放减少90%的潜能。美国是世界上CCS投资最大的国家。中国早在上个世纪已开始了该项技术的科学研究，但商业化运作始终未能展开。2013年4月27日，国家发展和改革委员会发布了《国家发展改革委关于推动碳捕集、利用和封存试验示范的通知》正式启动了碳捕获与封存的商业化示范运作。

则。减缓与适应的措施应当协调一致、同等并重。

国家发展和改革委员会的初稿：应对气候变化应当遵循风险预防、减适并重、政府引导、市场激励、企业主体、公众参与、广泛合作的原则。

长期以来，在应对气候变化领域存在着一种错误观点，认为减缓比适应更有助于应对气候变化。因此，一些学者始终坚持减排优先。① 然而，从两个方面来看，二者实际上并重，甚至适应可能更符合或更宜于操作。一方面，发达国家在温室气候减缓方面有着各种优势，例如它们有技术优势，可以通过碳交易等方式换取更多的经济增长。而发展中国家大多处于经济转型阶段，一味地仿效发达国家，偏重提高能源消费价格的方式促成减排的做法是不合时宜的。② 另一方面，适应性造就复杂性。美国系统科学家霍兰曾言之，"每个系统的协调性和持存性都依赖于广泛的相互作用，多种元素的聚集，以及适应性或学习"。③ 无疑，气候变化的复杂正是地球和生物在不断适应和相互作用过程中出现的，而最终对气候变化的适应才是人类生存的根本。此外，2013 年 11 月，中国出台了《气候变化适应战略》，表明中国始终将减缓与适应等量齐观。

第五，社会参与原则

青海、山西省和中国社科院项目组都规定了社会参与。但只有社科院是一条完整的规条。其余均为一句话中的部分内容。例如青海省规定，应对气候变化应当遵循结合实际、统筹规划、突出重点、科学应对、广泛合作、公众参与原则。

中国社科院项目组的规定是，气候变化应对坚持社会参与的原

---

① 例如英国气候经济学家斯特恩认为，适应始终无法抵消全球变暖所带来的损害，因此减缓比适应更应优先。参见［英］尼古拉斯·斯特恩著：《地球安全愿景：治理气候变化，创造繁荣进步新时代》，武锡申译，社会科学文献出版社 2011 年版，第 73~75 页。

② 参见陈迎：《减缓与适应并重》，载《人民日报》2009 年 9 月 9 日第003 版。

③ ［美］约翰·H. 霍兰著：《隐秩序——适应性造就复杂性》，周晓牧，韩晖译，上海科技教育出版社 2000 年版，第 4 页。

则。国家采取措施，鼓励和引导企事业单位、社会团体和个人参与气候变化政策和立法的制定、实施和监督，鼓励和引导企事业单位、社会团体和个人参与气候变化应对科技进步、科技创新、科技成果应用、宣传教育和经济产业的发展。

我们采用了社科院的规定，在是采用公众参与，还是社会参与方面，我们采用了社会。因为从全文来看，社会参与涵盖更广，与应对气候变化中强调全社会的理念相吻合，因此，规定为社会参与原则。

基于以上分析，我们给出的表述是：应对气候变化应坚持可持续发展的理念和减缓与适应并重的原则，在科学应对的基础上，积极促进能源革命与转型，以及全社会的广泛参与。

第6条 【统筹规划制度】

【拟规条为】 县级以上人民政府应将应对气候变化和低碳发展纳入国民经济和社会发展规划中统筹考虑、协调推进，并确保应对气候变化目标同国家及上级应对气候变化规划相衔接，作为本行政区域国民经济和社会发展规划的重要依据。

【解释】 青海、山西均没有规定该条，仅有中国社科院项目组和国家发展和改革委员会的初稿中规定了该条。中国社科院项目组的具体表述为：县级以上人民政府应将气候变化的减缓和适应工作纳入国民经济和社会发展规划中统筹考虑、协调推进。未实现温室气体减排目标的，地方人民政府还应当制定区域减排达标规划。国家制定气候变化应对的中长期规划和年度实施纲要。国务院各部门把温室气体减排目标和气候变化适应目标作为本部门专门规划的重要依据。县级以上人民政府把控制和减少温室气体排放和适应气候变化目标作为本行政区域国民经济和社会发展规划的重要依据。

国家发展和改革委员会的初稿表述为：国务院应对气候变化主管部门会同国务院有关部门根据国家应对气候变化的总体目标和要求，编制国家应对气候变化专项规划，报国务院批准后实施。省、自治区、直辖市人民政府应对气候变化主管部门会同本级人民政府有关部门，编制本行政区域应对气候变化规划，并与国家应对气候变化专项规划相衔接，经本级人民政府批准后组织实施。

中国社科院项目组在总则中规定了该制度，而国家发展和改革委员会的初稿则是在第二章管理与监督中规定了这一制度。我们认为规划制度是当前我国应对气候变化的一项具有重要意义的引导性的举措，它为国家开展阶段性应对气候变化提出了目标、重点任务和保障措施等，有利于应对气候变化形成制度性机制，为温室气体减排提供了具体的政策性引导。

基于以上分析，我们给出的表述是：县级以上人民政府应将应对气候变化和低碳发展纳入国民经济和社会发展规划中统筹考虑、协调推进，并确保应对气候变化目标同国家及上级应对气候变化规划相衔接，作为本行政区域国民经济和社会发展规划的重要依据。

第7条【政府责任制度】

【拟规条为】湖北省各级人民政府应对本行政区域内应对气候变化工作负责。湖北省发展和改革委员会是本省应对气候变化的主管部门，具体负责温室气体减排、适应气候变化等与应对气候变化相关的综合协调、组织实施和监督管理。各级人民政府应当组织、协调解决本行政区域内应对气候变化工作中的重大问题，将区域节能和碳排放控制作为地方人民政府及其主要负责人考核评价的重要内容；并督促本行政区域内国家机关、企事业单位、社会组织和个人落实应对气候变化相关工作目标和措施。县级以上人民政府有关部门应当在各自职责范围内做好应对气候变化的相关工作。

【解释】青海、山西、中国社科院项目组以及国家发展和改革委员会的初稿中都规定了政府责任制度。具体表述为：

青海省：各级人民政府应当组织、协调解决本行政区域内应对气候变化工作中的重大问题，督促辖区内国家机关、企事业单位和社会组织落实应对气候变化工作目标和措施。县级以上人民政府有关部门应当在各自职责范围内，做好应对气候变化的相关工作。

山西省：各级人民政府应当组织、协调解决本行政区域内应对气候变化工作中的重大问题，督促本行政区域内国家机关、企事业单位和社会组织落实应对气候变化工作目标和措施。县级以上人民政府有关部门应当在各自职责范围内，做好应对气候变化的相关工作。

中国社科院项目组：地方各级人民政府对本行政区域的气候变化应对工作负责。国家实行气候变化应对目标责任制和考核制度，将区域节能减排目标、单位 GDP 能效作为地方人民政府及其主要负责人考核评价的重要内容。

国家发展和改革委员会的初稿：国家采取统一管理和分工负责相结合的管理体制和工作机制应对气候变化。国务院应对气候变化主管部门应当对全国应对气候变化工作进行统一管理和监督。国务院有关部门应当在各自的职责范围内开展应对气候变化相关管理和监督工作。

我们的观点是：

从以上规条可以看出，政府责任制度在应对气候变化中具有重要的地位。它是国家落实气候变化举措的重要保障。基于此，一方面该条在设计上强调了政府的职责；另一方面，又强调对政府职责的考评，使政府行使应对气候变化行政权力有法律的相关保障。这样，第一，有利于政府更好地履行职责；第二，可以促使政府采取能动的或积极的方式应对气候变化；第三，通过立法的形式能使政府对社会各机关、单位行使职权时有法可依。在本条设计上，我们结合了各省的做法，同时又考虑了社科院关于责任考评的规定，旨在全面地体现政府责任制度。

基于以上分析，我们给出的表述是：湖北省各级人民政府应对本行政区域内应对气候变化工作负责。湖北省发展和改革委员会是本省应对气候变化的主管部门，具体负责温室气体减排、适应气候变化等与应对气候变化相关的综合协调、组织实施和监督管理。各级人民政府应当组织、协调解决本行政区域内应对气候变化工作中的重大问题，将区域节能和碳排放控制作为地方人民政府及其主要负责人考核评价的重要内容；并督促本行政区域内国家机关、企事业单位、社会组织和个人落实应对气候变化相关工作目标和措施。县级以上人民政府有关部门应当在各自职责范围内做好应对气候变化的相关工作。

第二章　应对气候变化的减缓措施

一、概　述

减缓气候变化是应对气候变化的基本途径之一。《联合国气候变化框架公约》第 21 次缔约方大会在"通过《巴黎协议》的决定"中指出："气候变化对人类社会和地球构成紧迫的可能无法逆转的威胁，这就要求所有国家尽可能开展最广泛的合作，参与有效和适当的国际应对行动，以期更快地减少全球温室气体排放。"《巴黎协议》第 4 条第 2 款则明确规定"缔约方应采取国内减缓措施"，以实现应对气候变化的国家自主贡献的目标。减缓气候变化法是对减缓气候变化需要的回应，是以减缓气候变化为目的，调整在减少温室气体排放和增加碳汇过程中产生的社会关系的法律规范的总称。①

本章"应对气候变化的减缓措施"的主要内容是规定湖北省各级政府、其有关部门及社会公众在减缓气候变化活动中的职责和义务等。科学减缓人类对气候变化造成的消极影响的基本办法可以分为两类：一是有效控制温室气体的排放；二是增加碳汇。因此，有关条款除了"综合措施"外，其他减缓措施分为控制温室气体排放和增加碳汇两个方面，着重体现下列内容："推进产业结构调整，构建低碳产业体系"；"优化能源结构，加快发展低碳能源"；"加强能源节约，提高能源利用效率"；"控制重点领域温室气体排

---

① 参见廖建凯著：《我国气候变化立法研究——以减缓、适应及其综合为路径》，中国检察出版社 2012 年版，第 71 页。

放";"加强废弃物和再生资源回收处理"以及"加强林业建设,增加碳汇"等。

二、具 体 释 义

第8条【总体要求】

【拟规条为】县级以上人民政府应当严格执行国家和省推进生态文明建设、实现"三维纲要"的法律法规和政策,加强制度创新和机制建设,有效控制温室气体排放,采取科学的减缓措施,应对气候变化。

【解释】对于减缓气候变化方面的总体要求,国内已有的四份气候变化立法对此的表述分别为:

青海省:县级以上人民政府应当严格执行国家和省发展循环经济、节约能源资源的法律法规和政策,建立落后产能退出机制,控制温室气体排放。

山西省:县级以上人民政府应当严格执行国家及省发展循环经济、节约能源资源的法律法规和政策,制定和完善有利于减缓温室气体排放的相关政策,建立落后产能退出机制,降低温室气体排放强度。

中国社科院项目组:【总体要求】气候变化的减缓措施应当科学、经济、公平、合理,符合国内有关报告、监测、核查的规定。各级人民政府定期对气候变化减缓措施和效果进行评估,并采取改进措施。排放单位应定期评估和报告温室气体排放控制和减少措施和效果,并针对存在的问题采取相应的改进措施。

国家发展和改革委员会的初稿:【减缓气候变化的总体要求】国家采取优化产业结构和能源结构、节约能源和提高能效、增加碳汇、控制非能源活动温室气体排放等多种手段,有效控制温室气体排放,促进低碳发展。县级以上人民政府应对根据国家控制温室气体排放行动目标和本地区应对气候变化规划,采取有效措施控制温室气体排放。能源、工业、交通运输、建筑、农业、林业、废弃物处理等行业主管部门应当将减缓气候变化纳入本部门及行业战略和规划，根据国家控制温室气体排放行动目标，采取具体措施和行动控制温室气体排放。

其中，四者的共同点在于：第一，四者都规定了在减缓气候变化方面的政府责任。第二，均提出控制温室气体排放或降低温室气体排放强度。

四者的不同点在于：

第一，中国社科院项目组提出了气候变化的减缓措施应当遵守科学、经济、公平、合理的原则，并符合国内有关报告、监测、核查的规定。国家发展和改革委员会的初稿和青海省、山西省在本条中没有提出专门针对"减缓气候变化"的原则。

第二，青海省和山西省都规定了县级以上人民政府应当严格执行国家和省发展循环经济、节约能源资源的法律法规和政策。徒法不足以自行，青海省和山西省的规定表明：严格执行相关的国家和省的法律法规政策既是县级以上人民政府作为行政执法部门应具有的法定权力，同时也是其法定职责。

第三，山西省在本条中提出要制定和完善有利于减缓温室气体排放的相关政策。这是指县级以上人民政府除了执行相关法律法规和政策以外，还负有制定、完善有利于减缓温室气体排放相关政策的责任。

第四，中国社科院项目组规定，各级人民政府定期对气候变化减缓措施和效果进行评估，并采取改进措施。这条是对各级人民政府依法评估气候变化减缓措施和效果以及采取改进措施方面的职责的规定。

第五，虽然四者都提出"控制温室气体排放"或"降低温室气体排放强度"，但是对实施该行为的主体的规定是不同的。中国社科院项目组是对排放单位的义务作出规定，要求排放单位应定期评估和报告温室气体排放控制和减少措施和效果，并针对存在的问题采取相应的改进措施。国家发展和改革委员会的初稿和青海省、山西省将控制温室气体排放作为政府的职责。

第六，青海省和山西省均提出要"建立落后产能退出机制"，将建立落后产能退出机制作为实现"控制温室气体排放"或"降低温室气体排放强度"的手段，并将之规定为县级以上人民政府的义务。

我们的观点是：

第一，由于在本建议稿的"总则"部分，已经对立法的"基本原则"作出了规定。因此，减缓气候变化方面同样应一以贯之地遵循该"基本原则"的规定。中国社科院项目组在本条中提出的"气候变化的减缓措施应当科学、经济、公平、合理"，实际上已经被"基本原则"所涵盖，无须单独作出规定。

第二，政府责任制度是本办法的基本制度之一。县级以上人民政府是执行国家和省发展循环经济、节约能源资源的法律法规和政策的主体，而且其职责不仅是执行上述法律法规和政策，还应包括制定政策、完善政策、创新制度等，后者体现了县级以上人民政府在地方层面上减缓人类对气候变化造成的消极影响方面的主导性、主动性。因此，在本条的表述中，山西省的规定较之青海省的规定，更能体现地方政府在这方面的职责。而我们提出的"加强制度创新和机制建设"，明确了除了执行法律法规和政策以外，地方政府应该采取主动、积极作为，不仅是制定、完善政策，而是进行创新制度和机制建设，来实现科学减缓人类对气候变化造成的消极影响。

第三，由于立法层面不同，山西省、青海省和中国社科院项目组在"控制和减少温室气体排放"的主体问题上有所分歧。在应对气候变化中，政府主要进行管理和提供服务，企业和公众主要是接受管理和积极参与。① 而国家发展和改革委员会的初稿也是将主体定位为行业主管部门和县级以上人民政府。我们认为，地方人民政府在本行政区域内应对"有效控制温室气体排放，采取科学的减缓措施，应对气候变化"工作负责，而排放单位仅是根据法律法规和政策的规定来采取一些具体措施并承担相应的责任。因此，

① 参见廖建凯著：《我国气候变化立法研究——以减缓、适应及其综合为路径》，中国检察出版社2012年版，第67页。

应该将"县级以上人民政府"作为主体。

第四，青海省和山西省均提出"建立落后产能退出机制"，这一点是在结合两省的省情的基础上提出来的，也体现了《中国应对气候变化的政策与行动白皮书》中"减缓气候变化的政策与行动"部分中"加快淘汰落后产能"的要求。然而，在对减缓气候变化的总体要求部分，仅仅突出"建立落后产能退出机制"这一项，是不够的。《湖北省应对气候变化行动方案》中提出"加强制度创新和机制建设"，其具体内容包含了加快制定地方法规或实施细则，研发建立监管制度，加大监督检查力度，以及建立节能减排、工业设计、能耗等各项标准，推行产品认证制度，等等。① 因此，在本建议稿中使用"加强制度创新和机制建设"的表述，能够保持政策与法规的一致性、连续性，强调要实现科学减缓人类对气候变化造成的消极影响，必须健全有效的体制机制，制定和完善应对气候变化的法规、政策，加强应对气候变化的制度设计，充分发挥市场机制的作用。这也是与《中国应对气候变化国家方案》中"应对气候变化的相关政策和措施"的有关提法的呼应。而对于需要采取哪些方面的具体措施，比如产业结构调整、能源结构调整等，将在"减缓气候变化"部分的其他条款中作出具体规定。

第五，在"总体要求"中仅以"控制或减少温室气体排放"来作目的性的表述缺乏科学性②，因此我们在"总体要求"中使用"有效控制温室气体排放，采取科学的减缓措施，应对气候变化"这一表述与本办法的立法目的相呼应，说明除了控制以外，应对气候变化的减缓措施应具有科学性。

基于以上分析，我们给出的表述是：县级以上人民政府应当严格执行国家和省推进生态文明建设、实现"三维纲要"的法律法规和政策，加强制度创新和机制建设，有效控制温室气体排放，采取科学的减缓措施，应对气候变化。

---

① 参见湖北省人民政府：《湖北省应对气候变化行动方案》。
② 理由详见"立法目的"部分的解释。

第9条【产业结构】

【拟规条为】推进产业结构调整，构建结构优化、技术先进、清洁安全、附加值高、以低碳排放为特征的低碳产业体系。加快新型工业化，促进传统产业的低碳化改造，培育高技术产业和战略性新兴产业；推广低碳农业技术，发展高效率、低能耗、低排放、高碳汇的低碳农业；大力发展生产性服务业，重点发展关联性强的、拉动性大的服务业，引导新兴服务业的加速发展。

【解释】关于产业结构，国内已有的四份气候变化立法对此的表述分别为：

青海省：未作出规定。

山西省：加快转变经济发展方式，按照"以煤为基、多元发展"的思路，改造提升传统产业，鼓励煤炭企业多元发展，积极发展现代煤化工，加大煤炭资源深加工力度，延长煤炭产业链，实现高碳产业低碳发展。培育壮大现代装备制造业、新型材料工业、特色食品工业、现代物流、生产性服务业、旅游等新兴产业。提高经济发展水平，努力降低单位 GDP 温室气体排放强度。

中国社科院项目组：【产业结构】国家采取措施优化产业结构，严格控制各类产业发展中的温室气体排放，增加碳汇。国家采取措施，优先发展节约能源、减少温室气体排放、增加碳汇的低碳产业，加强传统产业的技术改造和升级，培育和壮大战略性新兴产业，加快发展服务业。国务院发展与改革部门会同国务院财政、科技、税务、信贷等行政主管部门发布低碳产业名录，制定激励政策，支持低碳产业发展。

国家发展和改革委员会的初稿：【减缓气候变化的总体要求】国家采取优化产业结构和能源结构、节约能源和提高能效、增加碳汇、控制非能源活动温室气体排放等多种手段，有效控制温室气体排放，促进低碳发展。

山西省与中国社科院项目组有关条文的共同点在于：第一，对产业结构进行调整。第二，控制温室气体排放。第三，加强技术改造、升级，支持低碳发展。

山西省与中国社科院项目组的不同点在于：

第一，山西省的对产业结构方面的规定没有直接使用"调整"或者"优化"产业结构这样的表述；中国社科院项目组则明确提出"优化产业结构"，并对具体的优化措施分四个方面做出规定。

第二，山西省的规定结合本省作为"煤炭大省"的实际，将淘汰落后产能、控制高能耗产业以及改造提升传统产业作为重点；另外进一步提出培育壮大现代装备制造业、新型材料工业、特色食品工业、现代物流、生产性服务业、旅游等新兴产业。中国社科院项目组则是更为概括性地提出四个方面的要求：优先发展节约能源、减少温室气体排放、增加碳汇的低碳行业；加强传统产业的技术改造和升级；培育和壮大战略性新兴产业；加快发展服务业。

第三，山西省规定"提高经济发展水平，努力降低单位GDP温室气体排放强度"，即以提高经济发展水平为前提，要求努力降低单位GDP温室气体排放强度。这一规定没有将控制或减少排放量作为调整产业结构要达到的目标，而是要求降低单位GDP的排放强度。由此可见，保发展是山西省制定、执行应对气候变化法规、政策的前提。中国社科院项目组的表述为"严格控制各类产业发展中的温室气体排放"以及"优先发展节约能源、减少温室气体排放、增加碳汇的低碳产业"。这是要求在产业发展中，控制温室气体排放，优先发展能够减少温室气体排放、增加碳汇的产业，即要求控制温室气体的排放量。

第四，由于中国社科院项目组的立法草案是国家法律草案，因此对国家有关部门在产业结构优化中政府应负的责任作出了规定：国务院发展与改革部门会同国务院财政、科技、税务、信贷等行政主管部门发布低碳产业名录，制定激励政策，支持低碳产业发展。

我们的观点是：

第一，应明确提出"推进产业结构调整"。山西省关于产业结构方面的规定虽然结合了省情，但是概括性不够。中国社科院项目组和国家发展和改革委员会的初稿的表述为"优化产业结构"。湖北省在应对气候变化工作中，自 2008 年以来都是明确提出调整产业结构，在实际工作开展中也取得了显著成效。然而，湖北省2012 年三次产业增加值在地区国内生产总值中的比重①为 12.8：50.3：36.9②，这与全国平均水平相比，服务业发展明显滞后，工业结构内部也存在"三个偏高"的问题：重工业比重偏高，资源高耗能行业比重偏高，制造业的中低技术、低附加值产品比重偏高。③ 因此，湖北省仍应将加快产业结构调整作为未来应对气候变化工作的重点④，故本建议稿采用"推进产业结构调整"的表述，以体现湖北省应对气候变化的产业结构政策发展的延续性。

　　第二，应在调整产业结构的基础上，构建低碳产业体系。山西省提出："高碳产业低碳发展"，"培育壮大现代装备制造业、新型材料工业、特色食品工业、现代物流、生产性服务业、旅游等新兴产业"。中国社科院项目组提出："优先发展节约能源、减少温室气体排放、增加碳汇的低碳产业，加强传统产业的技术改造和升级，培育和壮大战略性新兴产业，加快发展服务业。"这些表述都没有强调将低碳产业作为一个体系来看待。我们认为，应该将低碳产业作为一个体系来加以构建，纳入该体系的产业应符合技术先进、清洁安全、附加值高、低碳排放等要求，并且相互之间具有战略性的联系，能够相互协调发展。

---

　　① 三次产业增加值在地区国内生产总值中的比重是指在一定时期内一个国家（或地区）第一产业、第二产业、第三产业增加值占其国内生产总值的比重，是综合反映国民经济比例结构的重要指标。特别是第三产业增加值占国内生产总值的比重，还是反映一个国家（或地区）经济发展水平和社会发达程度的重要指标。

　　② 参见湖北省发展改革委员会：《积极应对气候变化　推进生态文明建设——湖北近五年应对气候变化工作的主要情况及下一步工作打算》，第 1 页。

　　③ 参见湖北省宏观经济研究所：《湖北省应对气候变化规划建议文本》，第 13 页。

　　④ 参见湖北省发展改革委员会：《积极应对气候变化　推进生态文明建设——湖北近五年应对气候变化工作的主要情况及下一步工作打算》，第 15 页。

第三，结合省情提出具体的调整产业结构和构建低碳产业体系的措施。山西省的有关规定是建立在其产业结构现状的基础上的，但是其相关规定过细，概括性不强。我们认为湖北省也具有独特的省情，因此在具体措施的提出方面，也应符合本省产业现状和发展条件。因而提出了"加快新型工业化，促进传统产业低碳化改造，培育高技术产业和战略性新兴产业；推广低碳农业技术，发展高效率、低能耗、低排放、高碳汇的低碳农业；大力发展生产性服务业，重点发展关联性强的、拉动性大的服务业，引导新兴服务业的加速发展"三个方面。这些表述是一种方向性的描述，既包含了当前湖北省应对气候变化在产业结构方面需要调整的内容和方向，又没有将具体产业的发展限定得过细、过死，从而保证本法规在实施一段时间后，即使本省产业结构有一定的变化，本规定仍能具有适用性，不会因为产业结构的阶段性变化而失去其适用的实际基础。对于具体产业的发展，则可以由政府制定的进一步的政策加以规定。例如，在培育壮大现代服务业方面，可以在五年计划、年度规划等政策中根据制定政策时的情况，分别对金融、保险、物流、信息、中介、动漫、创意、设计、服务外包、通用航空等服务业的发展要求作出更加切合实际的具体规定。

基于以上分析，我们给出的表述是：推进产业结构调整，构建结构优化、技术先进、清洁安全、附加值高、以低碳排放为特征的低碳产业体系。加快新型工业化，促进传统产业的低碳化改造，培育高技术产业和战略性新兴产业；推广低碳农业技术，发展高效率、低能耗、低排放、高碳汇的低碳农业；大力发展生产性服务业，重点发展关联性强的、拉动性大的服务业，引导新兴服务业的加速发展。

第 10 条 【能源结构】

【拟规条为】优化能源结构，发展低碳能源。促进火电的高效清洁利用，加快水能、太阳能、生物质能等可再生能源开发，适时发展核电，减少化石能源利用，提高清洁能源使用比重。

【解释】关于能源结构，国内已有的四份气候变化立法对此的表述分别为：

青海省：县级以上人民政府应当支持企业事业单位开展太阳能、风能、生物质能等可再生能源开发利用，推动太阳能光伏建筑一体化和太阳能路灯等节能系统在城镇建筑、基础设施中的应用。鼓励和扶持在既有建筑节能改造和新建建筑中采用太阳能等可再生能源，减少建筑物采暖能耗。

山西省：第8条　努力建设"气化山西"。大力实施煤层气、焦炉煤气、天然气和煤制天然气"四气产业"一体化战略，提高清洁能源使用比重。鼓励清洁、低碳能源开发和利用，增加可再生能源和其他非化石能源的使用比例，优化能源结构。提高煤的清洁高效开发和利用技术，逐步降低煤炭在一次能源中的比例，减缓由能源生产和转换过程产生的温室气体排放。

第11条　因地制宜开发小水电资源。在保护生态的基础上有序开发水电，把发展水电作为促进山西能源结构向清洁低碳化方向发展的重要措施。

第12条　鼓励发展煤层气产业，对地面抽采项目实行探矿权、采矿权使用费减免政策，对煤矿瓦斯抽采及其他综合利用项目实行税收优惠政策，煤矿瓦斯发电项目享受可再生能源法规定的鼓励政策，最大限度地减少煤炭生产过程中能源浪费和甲烷排放。

第13条　积极扶持风能、太阳能、地热能等可再生能源的开发和利用，深化风能、太阳能资源区划。鼓励火电企业和其他相关企业开发建设大规模的风电场和光伏电站。支持风电制造业技术进步和太阳能电池的深度开发，实现风电、光能设备国产化。积极发展太阳能采暖、制冷、日光温室、太阳灶等多种方式的太阳能利用设施。积极推进地热能开发利用，推广满足环境和水资源保护要求的地热资源供暖、供热水和地源热泵技术，研究开发深层地热发电技术。合理确定可再生能源电价，为可再生能源上网提供优惠条件。

第14条　大力推进农作物秸秆、沼气等生物质能源的开发和利用。在粮食主产区等生物质能源资源较为丰富的地区，按照规划建设和改造以秸秆为燃料的发电厂和中小型锅炉。在有条件的地区鼓励建设垃圾焚烧发电厂。在规模化畜禽养殖场、城市生活垃圾处理场等建设沼气工程，合理配套沼气利用设施。大力推广沼气和农林废弃物气化技术，提高农村地区生活用能的燃气比例。

中国社科院项目组：【能源结构】国家通过政策引导、资金支持和科技研发，国家采取措施更新能源结构，鼓励开发和利用经济适用的水电、风能、太阳能、地热能、海洋能、生物质能等清洁或者新能源的发展，减少化石能源的利用。

国家发展和改革委员会的初稿：【减缓气候变化的总体要求】国家采取优化产业结构和能源结构、节约能源和提高能效、增加碳汇、控制非能源活动温室气体排放等多种手段，有效控制温室气体排放，促进低碳发展。

其中，四者的共同点在于：都提出对能源结构进行调整。但国家发展和改革委员会的初稿仅在总体要求中简单提及"国家采取优化产业结构和能源结构……等多种手段"，没有具体提出优化能源结构的措施。青海省、山西省和中国社科院项目组三者均鼓励、支持开发清洁能源、可再生能源；都要求减少化石能源的利用。

青海省、山西省和中国社科院项目组三者的不同点在于：

第一，对于能源结构的规定繁简不一。青海省只有一个条文与能源结构相关，而且没有直接使用"优化（或调整、更新）能源结构"这样的表述，只是规定应当支持开发利用可再生能源："县级以上人民政府应当支持企业事业单位开展太阳能、风能、生物质能等可再生能源开发利用。"山西省关于能源结构方面的规定较为详细，它首先在第 8 条中明确提出"优化能源结构"，"提高清洁能源使用比重"，"增加可再生能源和其他非化石能源的使用比例"，"逐步降低煤炭在一次能源中的比例"。继而在第 11 条、第 12 条、第 13 条中分别规定了发展不同类型能源的措施：因地制宜开发小水电资源；鼓励发展煤层气产业；积极扶持风能、太阳能、地热能等可再生能源的开发和利用，具体而详尽。中国社科院项目组用一个条文来规定能源结构问题，提出更新能源结构，鼓励开发和利用经济适用的清洁或者新能源的发展，减少化石能源的利用。

第二，对于能源结构调整的侧重点不同。山西省和青海省的条文是立足于本省能源状况实际的。然而，青海省只提出支持开发利用可再生能源，过于简单。山西省则在努力建设"气化山西"的总体要求下，提出了实施"四气产业"一体化战略，并对适合本省的多种低碳能源的发展都作出了相应规定。中国社科院项目组的规定比较明确、简练，结合国情提出更新能源结构，鼓励开发和利用清洁或者新能源，减少化石能源的利用。

我们的观点是：

第一，湖北省调整能源结构势在必行。湖北省能源消费以煤为主，煤炭在全省能源消费中占一半以上，单位热量燃煤产生的二氧化碳排放量比石油、天然气分别高出 36% 和 61%，由此造成湖北省单位一次能源消费的二氧化碳排放强度比世界水平高出 20% 左右。[①] 因此，湖北省要减缓人类对气候变化的消极影响，调整能源结构势在必行。而且，在能源结构调整方面应目标明确，直接提出"优化能源结构，发展低碳能源"。山西省、青海省条文虽然具有调整能源结构的含义，但是在条文表述上不够清晰，尤其是青海省的条文只能说是一种隐含的意思。

第二，湖北省对于能源结构应进行"优化"，而不是"更新"。中国社科院项目组的条文比较简练明确，提出"国家采取措施更新能源结构"。我们认为，如果对于湖北省使用"更新"一词则不是非常恰当。当前的湖北省能源结构也是通过不断变革、逐步发展而来的，2012 年，湖北省非化石能源一次性能源消费比重达到 18%，远高于全国平均水平；水电总装机达到全省水电经济可开发量的 80% 以上。[②] 这种能源结构在一定程度上是反映湖北的自然条件、产业发展状况的。况且，通过减缓气候变化而使气候稳定所带来的收益，并不受行政区划的限制，无论谁采取了减缓气候变化的

---

① 参见湖北省人民政府：《湖北省应对气候变化行动方案》。

② 参见湖北省发展改革委员会：《积极应对气候变化　推进生态文明建设——湖北近五年应对气候变化工作的主要情况及下一步工作打算》，第 7 页。

行动，任何地方的人都能享受到气候稳定带来的收益。减缓性气候变化只有协调好全球性、全国性收益与属地性收益的关系，使属地性收益大于属地性成本，否则很难得到有效的实施。① 湖北省正处于工业化和城市化加速发展时期，工业用能居高不下，持续、大规模建设交通、能源等基础设施，能源需求呈刚性增长趋势。这表明湖北省在保证经济、社会发展的前提下，不可能在短时期内对能源结构进行一种全面的更替、更新，而是应对现有的、具有现实基础的能源结构进行一种优化。

第三，火电是湖北省电力的主要来源，促进火电的清洁高效利用，控制因生产火电而产生的排放，是减缓人类对气候变化的消极影响的重要措施。湖北省"十二五"时期电力发展的主要目标包括火电由 2010 年的 1816 万千瓦增长到 2015 年的 3022 千瓦，年均增长达到 10.7%。② 如何在保证火电发展达到预期目标的前提下，减少其对气候变化的影响，是当前能源结构调整中必须考虑的问题。因此，推动火电节能、节水、脱硫、脱硝等技术的发展，在负荷中心和电源支撑薄弱的地区，建设一定容量高效、清洁、环保的大型火电机组，促进火电的高效清洁利用是必不可少的措施。另外，在大中型城市与热负荷集中的工业园区，建设一批热电联产项目，试点建设分布式能源也是促进火电高效利用的一种方式。这些促进火电高效清洁利用的具体措施都被纳入了《湖北省能源发展"十二五"规划》中。

第四，《联合国气候变化框架公约》第 21 次缔约方大会在"通过《巴黎协议》的决定"序言中指出："有必要通过加强可再生能源的利用，促进发展中国家……普遍获得可持续的能源"。从科学减缓人类对气候中变化带来的消极影响的角度来看，湖北省能源结构的优化，当前最为重要的就是可再生能源开发，减少化石能源的利用，提高清洁能源使用比重。针对湖北省的具体情况，对于

① 参见廖建凯著：《我国气候变化立法研究——以减缓、适应及其综合为路径》，中国检察出版社 2012 年版，第 72 页。

② 参见湖北省人民政府：《湖北省能源发展"十二五"规划》。

不同类型的低碳能源的发展应采取不同要求，主要包括以下几个方面：

（1）加快水能、太阳能、生物质能等可再生能源开发。水电方面需要立足现状，重点抓好汉江梯级开发和潘口、江坪河、淋溪河、龙背湾、姚家坪等水电站项目建设等；在武汉火车站等 3 个光伏发电项目已建成投产的基础上，继续推进太阳能发电项目建设，开展太阳能热发电试点，推进光热发电装备自主化；在农林作物副产品资源丰富的地区和大中型城市分别建设秸秆、稻壳焚烧发电和垃圾焚烧发电项目。①

（2）适时发展核电。根据国家统一部署，做好核电厂址保护，稳步推进项目前期准备工作，适时启动核电建设项目。虽然在《湖北省应对气候变化行动方案》中曾经提出"突破性发展核电"，但是从近年国家发展核电政策的变化发展来看，这一提法已经不再合适。因此，根据国家对核电发展的统一规划、部署，提出"适时发展"，一方面符合当前政策趋势，另一方面也考虑到湖北省目前已经为发展核电所做的准备。

（4）减少化石能源利用，提高清洁能源使用比重。《湖北省国民经济和社会发展第十二个五年规划纲要（2011—2015）》中提出"调整优化能源结构，非化石能源消费占一次能源消费的比重高于全国平均水平"。

基于以上分析，我们给出的表述是：优化能源结构，发展低碳能源。促进火电的高效清洁利用，加快水能、太阳能、生物质能等可再生能源开发，适时发展核电，减少化石能源利用，提高清洁能源使用比重。

第 11 条【节能降耗】

【拟规条为】加强能源节约，提高能源利用效率，降低单位产值能耗和单位产品能耗。县级以上人民政府应加强节能工作，坚持

---

① 参见湖北省人民政府：《湖北省能源发展"十二五"规划》。

总量控制与强度限制相结合，严格节能目标责任考核，加快推进合同能源管理，重点推动工业、交通、建筑、公共机构等重点领域的节能降耗。

【解释】关于节能降耗，国内已有的四份气候变化立法对此的表述分别为：

青海省：第 16 条 严格执行国家及省有关产业政策和行业准入标准，健全强制淘汰高能耗的落后工艺、技术和设备制度，依法淘汰落后的能耗过高的用能产品、设备，禁止生产、进口和销售达不到最低能效标准的产品。控制高耗能、高污染和高排放生产工艺和产品的生产，强化电力、钢铁、焦化、有色金属、化工、建材等重点行业以及交通运输、农业机械、建筑、商业和民用等行业的节能技术开发和推广。

第 17 条 国家机关、企业事业单位和社会组织等用能单位应当提高资源综合利用能力，采用节能新技术、新工艺、新设备、新材料，降低单位产值能耗和单位产品能耗，提高资源综合利用效率。

第 18 条 企业事业单位应当加强内部管理，建立健全管理制度，采取措施降低资源消耗，减少废弃物的产生量和排放量，提高废弃物的循环利用和资源化水平。企业应当定期开展节能减排教育和岗位节能减排培训。

山西省：第 10 条 推行能源节约举措，降低能源消耗。优化火电结构，加快淘汰落后的小火电机组，发展单机 600MW 及以上超（超）临界机组、大型联合循环机组等高效、洁净发电技术，降低发电的单位煤耗；发展热电联产、热电冷联产和热电气多联供技术；加强电网建设，采用先进的输、变、配电技术和设备，降低输、变、配电损耗。

第 22 条 国家机关、企业事业单位和社会组织等用能单位应当提高资源综合利用能力，采用节能新技术、新工艺、新设备、新材料，降低单位产值能耗和单位产品物耗，提高资源综合利用效率。

第 23 条 企业事业单位应当加强内部管理，建立健全管理制度，采取措施降低资源消耗，减少废弃物的产生量和排放量，提高废弃物的循环利用和资源化水平。

中国社科院项目组：第32条【鼓励低碳生产与淘汰落后】国务院发展与改革部门会同国务院工业、科技、环境保护等行政主管部门定期发布低碳生产工艺设备的导向目录，鼓励企事业单位更新能源利用结构，促进低碳利用技术的提高。国家加快淘汰落后产能，对不符合节能减排要求的技术、工艺、设备实行强制淘汰制度。对存在落后技术、设备和工艺的企事业单位，要予以公布，责令限期淘汰。具体名录由国务院发展与改革部门会同工业、科技、环保行政主管部门发布。国务院发展与改革部门会同国务院工业、科技、环境保护、商务等行政主管部门制定高耗能产品能耗限额、主要终端用能产品能效等强制性国家标准，定期发布落后的高耗能产品目录，鼓励用户选用低碳产品。

第33条【技术改造与节约能源】国家鼓励研发和推广节约能源、减少温室气体排放的生产工艺和设备。国务院发展与改革部门会同国务院工业、建设等行政主管部门制定能源开采和加工控制标准，加强电力系统改造，减少能源在开采、加工和输送过程中的损耗。国家加快集中供热和制冷体系建设，减少能量在输送过程中的损耗。国家推动重点领域、重点行业和重点企事业单位节能减排，鼓励和支持企事业单位开展节能减排技术改造，降低单位产值能耗和单位产品能耗。

第34条【节能减排责任书】国家制定节能减排目标和方案。县级以上人民政府应当自上而下逐级签订节能减排责任书，规定下级人民政府的节能减排目标和任务。上级人民政府对下级人民政府的节能减排目标完成情况和温室气体减排方案实施情况进行监督检查和考核。国务院以温室气体排放源全国普查数据和我国的温室气体减排目标为基准，确定全国范围内重点排放单位的排放总配额，总配额按照重点行业和行政区划分配。县级以上地方人民政府根据本行政区域获得的配额，自上而下逐级分解到重点行业和重点排放单位。

国家发展和改革委员会的初稿：【减缓气候变化的总体要求】

93

国家采取优化产业结构和能源结构、节约能源和提高能效、增加碳汇、控制非能源活动温室气体排放等多种手段，有效控制温室气体排放，促进低碳发展。

四者的共同点在于都提出应节约能源、提高能效。但国家发展和改革委员会的初稿仅在总体要求中简单提及，没有具体提出优化能源结构的措施。而在青海省、山西省和中国社科院项目组中，都作出了较为具体的规定：第一，提高能源资源利用效率。第二，鼓励、支持节能新技术、新工艺、新设备、新材料等。第三，鼓励节能减排技术改造，降低单位产值能耗和单位产品能耗。

青海省、山西省和中国社科院项目组三者的不同点在于：

第一，青海省的规定强调提高资源综合利用能力，没有结合本省实际提出节能降耗的重点领域；山西省则结合省情，突出优化火电结构、发展热电联产、加强电网建设等重点领域。中国社科院项目组也针对当前我国节能降耗中存在的问题，提出"加强电力系统改造"，"减少能源在开采、加工和输送过程中的损耗"，要求"推动重点领域、重点行业和重点企事业单位节能减排"。

第二，在节能降耗措施方面，山西省和中国社科院项目组的规定更为具体。山西省要求"健全强制淘汰高能耗的落后工艺、技术和设备制度，依法淘汰落后的能耗过高的用能产品、设备，禁止生产、进口和销售达不到最低能效标准的产品。控制高耗能、高污染和高排放生产工艺和产品的生产"；中国社科院项目组则是"对不符合节能减排要求的技术、工艺、设备实行强制淘汰制度"，"制定高耗能产品能耗限额、主要终端用能产品能效等强制性国家标准，定期发布落后的高耗能产品目录，鼓励用户选用低碳产品"等。

第三，中国社科院项目组列专条规定了"节能减排责任书"，作为规定各级人民政府的节能减排目标和任务，以及对节能减排目标完成情况和温室气体减排方案实施情况进行监督检查和考核的措施。山西省则另外在第9条规定了温室气体排放的评价制度。

我们的观点是：

第一，应采用一个条文对节能降耗作出综合性的规定，后面再列专条规定具体领域应采取的措施。否则，与节能降耗相关的条文太多，并且存在有的表述相互交叉、重合的情况，不便于理解。

第二，对于节能降耗的规定，应该立足湖北省情。《湖北省能源发展"十二五"规划》提出到 2015 年，全省单位生产总值能耗比 2010 年下降 16%，"十二五"期间实现节约能源 3200 万吨标准煤。要实现这一规划目标，我们认为根据本省产业状况，提出节能降耗的重点领域是很有必要的。正如《湖北省国民经济和社会发展第十二个五年规划纲要（2011—2015）》中所提出的"全面推进工业、交通、建筑、商用民用、农村和公共机构等重点领域的节能"。只有加强重点用能单位节能管理，突出抓好工业、建筑、交通、农业、公共机构等领域节能，加快节能技术开发和推广应用。推进重点节能工程，组织实施工业锅炉（窑炉）、电机系统、热电联产能量系统优化，既有建筑、交通运输、绿色照明等重点节能技术改造项目，节能技术产业化示范工程，节能产品惠民工程，合同能源管理工程和节能能力建设工程，才能推动全省的节能降耗，控制温室气体排放。因此，在表述中除了总体上的规定外，特别指出"工业、交通、建筑、公共机构等"是节能降耗、控制温室气体排放的重点领域。

第三，强化节能目标责任评价考核，才能有效执行相关法律法规。湖北省从 2006 年开始推行节能目标责任制，将年度全省节能总量目标任务按市、州分解下达，由省政府与市、州政府领导签订节能目标责任书，纳入政府目标责任制考核体系；对主要行业全年节能目标任务分解落实到省直有关部门，并纳入省政府对各部门目标责任制考核体系。此项措施加强了各级政府的节能责任意识，推进了节能工作的进展。因此，在本建议稿中，我们认为有必要提出严格节能目标责任评价考核，使节能目标责任评价考核作为减缓气候变化的措施得到进一步强化。另外，我们认为评价温室气体排放的制度，应与节能目标责任考核制度分开规定，即采用类似于山西省的方式（具体条文要符合湖北省的省情），而不是采用社科院征求意见稿的方式。

第四，合同能源管理（energy performance contracting，EPC）

是一种新型的市场化节能机制。它是以节能服务合同为载体，通过节能服务的提供，与客户分享节能所减少的能源费用来支付节能项目全部成本和实现盈利的一种市场化手段来进行节能的商业模式。[①] 在北美和欧洲，合同能源管理已发展成为一种新兴的节能产业。从我国合同能源管理发展的法律背景来看，合同能源管理一直都被视为推进节能降耗，控制温室气体排放的一项重要措施。2010年4月2日国务院办公厅转发了发改委等部门《关于加快推行合同能源管理促进节能服务产业发展意见的通知》（国办发〔2010〕25号）、财政部出台了《关于印发合同能源管理财政奖励资金管理暂行办法》，从政策上、资金上给予大力支持，促进节能服务产业的健康快速发展。

《湖北省应对气候变化行动方案》中也将合同能源管理列为"全面推进能源节约，提高能源利用效率"的举措之一："加强在市场条件下形成推动节能的机制，建立节能投资担保机制，促进节能技术服务体系的发展。推行合同能源管理。"为加快推进公共机构合同能源管理，促进节能服务产业发展，引导社会资金投入节能改造，湖北省已经制定了《湖北省合同能源管理财政奖励资金管理实施细则》（鄂财建规〔2010〕15号）、《湖北省实施〈公共机构节能条例〉办法》和《湖北省公共机构合同能源管理暂行办法》。因此，本条将"推进合同能源管理"列入节能措施中。

基于以上分析，我们给出的表述是：加强能源节约，提高能源利用效率，降低单位产值能耗和单位产品能耗。县级以上人民政府应加强节能工作，坚持总量控制与强度限制相结合，严格节能目标责任考核，加快推进合同能源管理，重点推动工业、交通、建筑、公共机构等重点领域的节能降耗。

---

① 曹富国、周芬：《"合同能源管理关系的规制及其改善——基于公共采购视角的研究"》，载《中国能源法研究报告》，立信会计出版社2010年版，第100页。

第 12 条【循环经济】

【拟规条为】深化和扩大循环经济试点工作，从生产、流通、消费各个环节入手，逐步建立和推广园区循环经济、区域循环经济以及跨区域大循环经济区发展模式，提高资源综合利用水平。

【解释】关于循环经济，青海省、中国社科院项目组和国家发展和改革委员会的初稿未作出规定。

山西省对此的表述为：进一步促进工业领域的清洁生产和循环经济的发展，在满足经济社会发展对工业产品基本需求的同时，尽可能减少水泥、石灰、钢铁、电石等产品的使用量，最大限度地减少这些产品在生产和使用过程中二氧化碳等温室气体的排放。要采用先进技术，优化工艺流程，打造煤电铝、煤焦化、煤气化、煤电材等资源循环产业链，提高煤矸石、粉煤灰、矿井瓦斯、矿井水资源综合利用水平。

山西省对于循环经济作出规定的特点是：第一，将清洁生产和循环经济的发展合并予以规定，并且只是规定"工业领域的清洁生产和循环经济的发展"。第二，条文采用以生产过程为导向的一种表述方式，强调工业生产过程的循环，而没有对参与循环的主体的发展模式作为规范的对象，有局限性。

我们的观点是：

第一，青海省、中国社科院项目组和国家发展和改革委员会的初稿都未将"循环经济"纳入其规定之中。循环经济是一种以资源高效利用和循环利用为核心，以"3R"为原则（减量化 reduce、再使用 reuse、再循环 recycle）；以低消耗、低排放、高效率为基本特征；以生态产业链为发展载体；以清洁生产为重要手段，达到实现物质资源有效利用和经济与生态可持续发展。它要求把经济活动组成为"资源利用—绿色工业（产品）—资源再生"的闭环式物质流动，所有的物质和能源在经济循环中得到合理的利用。循环经济所指的"资源"不仅是自然资源，而且包括再生资源；所指的"能源"不仅指一般化石能源，而且包括各种绿色能源。注重推进资源、能源节约、资源综合利用和推行清洁生产，以便把经济活动对自然环境的影响降低到尽可能小的程度。① 我们认为，开展循环经济是减缓人类活动对气候造成的消极影响的重要措施，通过促进循环经济，能够提高资源综合利用水平，这是在各地实践中已经取得成效的一种做法。因此，有必要在地方应对气候变化立法中加以规定。

第二，湖北省在高效利用资源和开展循环经济试点方面已经取得一定成效。截至 2013 年，全省已经开展了两批循环经济试点工作，确定了 65 家企业，12 个园区和 5 个县市为试点单位，建立了一批循环经济关键连接项目。循环经济试点工作在将来还需要继续开展。然而，这种发展不能停留在企业层面、生产过程层面，止步不前。它应该从生产、流通、消费各个环节入手，建立循环经济发展模式并加以推广来作为发展要求，继而进一步深化和扩大。

第三，不应将循环经济发展局限于工业生产过程。武汉市的东西湖区农业循环经济的发展表明，循环经济已经不仅是工业生产的问题。随着经济发展，循环经济会具有更为丰富的内涵，不应将其束缚在工业领域，而应该用更为开放的眼光来看待它，从生产、流通、消费各个环节入手，通过使用清洁能源和原料、采用先进的工艺技术和设备、废弃物资源化利用、规模利用、高值利用等，促使其发挥"提高资源综合利用水平"的作用，从而实现"减缓人类活动对气候造成的消极影响"之目的。

第四，就湖北省目前开展的武汉东西湖区农业循环经济、宜昌开发区磷化工循环经济等园区循环经济，荆门市、谷城县等区域循环经济，青山-阳逻-鄂州大循环经济示范区建设的情况来看，在园区及区域内实现不同企业产业间副产品、能源和废弃物循环利用，以及以产业链跨区延伸、跨区耦合作为主要形式的循环经济跨区域发展，是符合湖北省需要的三种循环经济发展的主要形式。因此，

---

① 参见董恒宇、云锦凤、王国钟主编：《碳汇概要》，科学出版社 2012年版，第 187 页。

应将逐步建立和发展园区、区域及跨区域的循环经济区发展模式，作为湖北省循环经济发展的方向。

基于以上分析，我们给出的表述是：深化和扩大循环经济试点工作，从生产、流通、消费各个环节入手，逐步建立和推广跨区域大循环经济区发展模式，提高资源综合利用水平。

第 13 条【低碳试点示范】

【拟规条为】 推进低碳城市、低碳园区、低碳社区和低碳企业试点示范工作，加强对试点示范工作的统筹协调和指导，制定低碳试点的建设规范、检测体系和评价标准，研究并贯彻落实支持试点的财税、金融、投资、价格、产业方面的配套政策，定期对低碳试点示范进展情况进行跟踪评估。

【解释】 关于低碳试点示范，青海省、山西省和国家发展和改革委员会的初稿未作出规定。

中国社科院项目组对此的表述为：【低碳区域试点】国家推进低碳省级行政区域和低碳城市试点工作。试点区域应编制低碳试点工作实施方案，提出本地区单位 GDP 能效及温室气体年度和中长期减排目标，并积极转变经济发展方式，明确重点领域、政策措施和步骤，部署重点行动，推进低碳发展重点工程，大力发展低碳产业，促进绿色和低碳发展。国家鼓励符合条件的社区开展低碳社区建设试点。具体办法由国务院发展与改革部门会同国务院环境保护、建设、民政等行政主管部门制定。

中国社科院项目组规定的特点：第一，要求推进省级和城市的低碳试点工作。第二，对低碳试点工作的要求作出了具体规定。第三，提出国家鼓励开展低碳社区建设试点。第四，由国务院发展与改革部门会同国务院环境保护、建设、民政等行政主管部门制定具体的试点办法。

我们的观点是：

第一，应对低碳试点示范工作作出规定。积极应对气候变化，开展低碳省区和低碳城市试点工作，是国家经济社会发展的一项重大战略。2010 年 7 月，湖北省被国家纳入低碳试点省（市）范围，为湖北省加快经济发展方式转变和经济结构调整，提供了重大机遇。低碳试点示范工作是湖北省推进"两型社会"建设的重大任务，有利于充分调动各方面的积极性，推动湖北省在工业化、城镇化快速发展的过程中，既要发展经济、改善民生，又应对气候变化、推进绿色发展。因此，我们认为必须将"低碳试点示范"纳入减缓气候变化的措施中加以规定。

第二，从低碳城市、低碳园区、低碳社区、低碳企业四个方面推进试点工作。根据《国家发改委关于开展低碳省区和低碳城市试点工作的通知》精神（发改气候〔2010〕1587 号），为了扎实开展低碳试点工作，探索低碳发展新模式，进一步推动湖北省绿色低碳发展，《湖北省低碳试点工作方案》提出的是推进"四级试点示范"，即从城市（县）、社区、园区、企业四个层面开展试点工作①。经过一段时间的实践，立足湖北省的实际，并结合低碳试点的建设情况，2011 年 8 月 25 日湖北省发展和改革委员会发出《湖北省发展改革委关于开展低碳试点示范工作的通知》，其中将襄阳、咸宁两个市，东湖新技术开发区和黄石经济开发区黄金山工业园两个园区，武汉市百步亭社区、鄂州市长港镇峒山社区两个社区为湖北省第一批低碳试点示范单位。2012 年 12 月 10 日出台的《湖北省"十二五"控制温室气体排放工作实施方案》（鄂政发〔2012〕99 号）中，对于开展低碳试点示范的规定则对示范工作进一步加以明确。2013 年 8 月，《湖北省低碳发展规划（2011—2015）》再次明确提出从城市、园区、企业、社区四个层面组织开展低碳试点工作，打造低碳发展典范。因此，在本办法中，我们根据形势变化，条文针对"四级试点"作出相关规定。

第三，湖北省低碳试点示范工作已经取得一定成效，需要进一步统筹协调和指导，提出低碳试点的建设规范、检测体系和评价标准。

---

① 参见湖北省发展改革委员会：《湖北省发改委关于组织低碳试点申报工作的通知》。

1. 推进低碳试点示范城市建设。湖北省被国家纳入低碳试点省（市）范围后，选择发展模式、产业结构具有代表性的地区，依托市（县）政府开展试点，重点在编制低碳发展规划、逐步建立以低碳排放为特征的产业体系、增加森林碳汇、创新低碳发展的体制机制、建立温室气体排放统计监测和考核体系等方面先行先试，提升区域发展的竞争力。襄阳、咸宁两市在示范区建设中大胆探索，展现了各自的特色。武汉市已经获批成为第二批国家低碳省区和低碳城市试点，国家发改委已于 2013 年 8 月正式批复了《武汉市低碳城市试点工作实施方案》。国家发改委在批复通知中要求，武汉要结合市情，探索中部地区特大城市低碳发展路径，建成我国绿色低碳的示范区。通知要求，武汉要抓紧编制低碳发展规划；配合湖北省碳排放权交易试点，推动利用市场机制实现碳排放目标；研究建立并逐步推行碳排放统计、核算、报告制度；引导低碳消费；推进低碳园区、低碳社区和低碳小城镇建设。

2. 低碳园区试点示范。充分发挥产业集聚、生态效应和园区建设，选择产业关联度高、劳动力密集的园区进行试点。重点围绕核心资源发展相关产业，最大限度地降低资源能源消耗，提高资源利用率，降低环境成本，实现园区发展的低碳化、生态化和可持续化。武汉东湖新技术开发区生物产业、节能环保产业、新能源产业等高新技术产业和战略性新兴产业加快壮大，花山生态新城着力打造绿色生态居住区；黄石黄金山开发区大力发展低碳产业，推进新能源建设。

3. 低碳社区试点示范。结合社区建设和农村新民居建设，选取居住相对集中、人口较为密集、设施相对完善、环境承载量大、群众基础较好的社区进行试点。重点在建筑节能改造、社区绿化、垃圾分类与回收、雨水回收与中水利用、社区交通、宣传引导等方面进行示范，引领广大群众逐步确立低碳生活方式和低碳消费模式。武汉市百步亭社区积极开展太阳能利用、地源热泵技术应用，建设雨水收集系统，推广低碳生活方式；鄂州市长港镇峒山社区建设低碳项目，倡导低碳生活方式。

4. 低碳企业试点示范。在钢铁、汽车、冶金、化工、新能源等重点行业选择一批企业进行低碳试点，通过采取温室气体排放量评估、调整产品结构、采用先进技术、提高能源使用效率、工艺流程改造等综合性的降碳措施，推动示范企业进行低碳化发展的技术创新、管理创新和模式创新，有效降低碳排放强度。

湖北省通过低碳试点示范，形成一批各具特色、在全国有一定影响的低碳城市，建成一批具有典型示范意义的低碳园区和低碳社区、低碳企业，从而使应对气候变化能力得到全面提升。

第四，湖北省低碳试点示范应有进一步的政策支持。建设低碳试点，涉及财税、金融、投资、价格、产业等多方面的配套政策，需要多种政策工具的综合运用。目前，湖北省发改委、经信委、财政厅、住建厅、交通运输厅、地税局、物价局、国税局等部门已经为低碳试点示范工作的开展制定了一些政策措施。但是，要进一步推进低碳示范试点工作，还离不开相关政策的进一步支持。因此，湖北省在《湖北省"十二五"控制温室气体排放工作实施方案》中，提出要研究和贯彻落实一系列的配套政策，形成支持试点的整体合力。我们认为，研究并落实配套政策是推进湖北省低碳试点示范的必要支撑。

第五，应定期对低碳试点示范进展情况进行跟踪评估。实施定期评估，一方面能了解低碳试点示范工作各项政策的落实情况，评价各低碳试点的工作成效，另一方面能够发现低碳试点工作中存在的问题，及时加以改进，同时对成功经验加以总结推广。

基于以上分析，我们给出的表述是：推进低碳城市、低碳园区、低碳社区、低碳企业试点示范工作，加强对试点示范工作的统筹协调和指导，制定低碳试点的建设规范、检测体系和评价标准，研究并贯彻落实支持试点的财税、金融、投资、价格、产业方面的配套政策，定期对低碳试点示范进展情况进行跟踪评估。

第 14 条【碳市场建设】

【拟规条为】深入推进碳排放权交易，完善制度体系，扩大市场规模，鼓励金融创新，逐步建成要素明晰、制度健全、交易规范、监管严格的碳交易市场。

【解释】关于碳市场建设，国内已有的四份气候变化立法对此未作出规定。

我们的观点是：

第一，碳排放权交易对于控制温室气体排放具有重要意义。所谓排放交易是指在一定管辖区域内，确立合法的污染物排放权利（即排放权，通常以配额或排放许可证的形式表现出来）以及一定时限内的污染物排放总量，并允许这种权利像普通商品一样在污染物交易市场的参与者之间进行交易，以相互调剂排污总量，确保污染物实际排放不超过限定的排放总量并以成本效益最优的方式实现污染物减排目标的市场机制减排方式。① 美国国家环保局首先将其运用于大气污染和河流污染的管理。此后，德国、澳大利亚、英国等也相继实施了排污权交易的政策措施。在推动排放权交易方面，欧盟走在世界前列。欧盟的 EU-ETS 交易系统，有一全套成熟的交易规则，制定了在欧盟地区适用的欧盟气体排放交易方案。碳排放权交易作为一个因为国际政治博弈而诞生的巨大市场，是发挥市场机制作用以较低成本完成节能、控制温室气体排放目标的重大体制创新。中国也在为逐步建立全国性的碳排放权交易市场，做好准备工作。因此，在气候变化立法中，应将碳排放权交易作为控制温室气体排放、减缓气候变化的重要措施。

第二，碳市场建设可以辅助实现总体经济发展目标。淘汰落后产能，促进产业升级与转型，调整经济结构，实现低碳发展，建设资源节约与环境友好型社会，是中国现阶段和未来很长一段时间内经济与社会发展的主要目标，这都可以由碳排放交易体系所建立的碳市场来辅助实现。② 根据国家关于应对气候变化工作的总体部署，为落实"十二五"规划关于逐步建立国内碳排放交易市场的

---

① 参见王毅刚、葛兴安、邵诗洋、李亚东著：《碳排放交易制度的中国道路——国际实践与中国应用》，经济管理出版社 2011 年版，第 11 页。

② 参见王毅刚、葛兴安、邵诗洋、李亚东著：《碳排放交易制度的中国道路——国际实践与中国应用》，经济管理出版社 2011 年版，第 304 页。

要求，推动运用市场机制以较低成本实现 2020 年我国控制温室气体排放行动目标，加快经济发展方式转变和产业结构升级，经综合考虑并结合有关地区申报情况和工作基础，国家发展与改革委员会 2011 年同意在北京市、天津市、上海市、重庆市、湖北省、广东省及深圳市开展碳排放权交易试点。《国家发展改革委办公厅关于开展碳排放权交易试点工作的通知》要求各试点地区高度重视碳排放权交易试点工作，切实加强组织领导，建立专职工作队伍，安排试点工作专项资金，抓紧组织编制碳排放权交易试点实施方案，明确总体思路、工作目标、主要任务、保障措施及进度安排，报发改委审核后实施。① 因此，湖北省有义务根据国家控制碳排放权交易的总体部署，推进碳市场建设工作。这一点应该在地方应对气候变化立法中明确体现出来。

第三，《湖北省"十二五"控制温室气体排放工作方案》（鄂政发〔2012〕99 号）将稳步推进碳排放权交易市场建设作为控制温室气体排放的措施之一，提出"在国家有关部委的指导下，选择温室气体排放较大、减排成本存在较大差异的行业，开展碳排放权交易试点，并逐步扩大交易范围，以点带面，稳步推进、逐步建立全省碳排放权交易市场。制定相应管理办法，研究提出碳排放权分配方案，确定碳排放权交易模式，支持武汉光谷联合产权交易所建立交易网络平台"。湖北省已经研究制定了《湖北省碳排放权交易试点工作实施方案》，明确试点的基本原则、工作目标与主要任务，湖北省碳排放权交易试点的重点工作包括明晰规范的市场要素、构建科学的市场运行机制、搭建有力的技术支撑平台、建立健全的市场监管体系四个方面，具体内容包括实行碳排放总量控制、科学合理分配碳排放交易权配额、选择合适的交易模式、设计灵活的履约抵消机制、组建湖北碳排放权交易中心、建立规范的登记注册平台和碳排放报告平台，做好碳排放权交易试点支撑体系建设等，保障试点工作的顺利进行。因此，我们认为对湖北省的碳市场

---

① 参见《国家发展改革委办公厅关于开展碳排放权交易试点工作的通知》（发改办气候〔2011〕2601 号）。

建设，应提出逐步建成要素明晰、制度健全、交易规范、监管严格的碳交易市场的目标。

第四，推进碳排放交易市场建设，实质上是运用市场机制，以较低成本来实现控制温室气体排放目标，从而减缓人类对气候变化的消极影响。碳排放交易作为一项减缓气候变化的措施，有必要强调其市场机制的特性，在控制温室气体排放的同时，通过市场交易来降低控制温室气体排放的成本。因此，在本条中，对"扩大市场规模，鼓励金融创新"加以强调。

基于以上分析，我们给出的表述是：深入推进碳排放权交易，完善制度体系，扩大市场规模，鼓励金融创新，逐步建成要素明晰、制度健全、交易规范、监管严格的碳交易市场。

第 15 条【碳排放权交易管理】

【拟规条为】 实行碳排放总量控制下的碳排放权交易。省发展和改革委员会负责碳排放总量控制、配额管理、交易、碳排放报告与核查等工作的综合协调、组织实施和监督管理，建立碳排放权注册登记系统。县级以上人民政府应当加强对碳减排工作的领导。

【解释】 关于碳排放权交易管理，青海省、山西省和中国社科院项目组对此未作出规定。国家发展和改革委员会的初稿表述为：

第 17 条【碳排放总量控制制度】国家建立全国碳排放总量控制制度及其分解落实机制。国务院根据经济社会发展和应对气候变化的要求制定全国碳排放总量控制目标。国务院应对气候变化主管部门根据全国碳排放总量控制目标和各地相关情况，确定省、自治区、直辖市碳排放总量控制目标。省、自治区、直辖市人民政府应采取措施确保完成本地区碳排放总量控制。

第 19 条【温室气体排放配额管理制度】国家建立温室气体排放配额管理制度。国务院应对气候变化主管部门根据国家控制温室气体排放行动目标要求，确定国家以及各省、自治区和直辖市的温室气体排放配额总量和配额分配方法。省级人民政府应对气候变化主管部门应当管理本行政区域内的温室气体排放配额，并根据本地区的碳排放总量控制目标和实际情况，向重点温室气体排放单位分配配额。重点温室气体排放单位应当按照取得的排放配额排放温室气体，需要超过配额排放的，可以通过市场交易等方式取得配额。重点温室气体排放单位每年应向所在省级人民政府应对气候变化主管部门提交上年度排放配额的获取和使用情况。

第 20 条【温室气体排放权交易制度】国家建立温室气体排放权交易制度。国务院应对气候变化主管部门应当制定国家温室气体排放权配套规则，并对市场的建设和运行进行监督和管理。重点排放单位及符合交易规则规定的单位和个人均可参与碳排放权交易。

我们的观点是：

第一，气候变化问题和企业社会责任问题催生了碳排放交易。在应对气候变化的行动中，碳排放交易是大势所趋。因此，有必要将碳排放交易纳入减缓气候变化措施中。

第二，国家发展和改革委员会的初稿在第 17、19 和 20 条中分别使用了"碳排放"、"温室气体排放"两种表述。在第 19 条"温室气体排放配额管理制度"的中规定"省级人民政府应对气候变化主管部门应当管理本行政区域内的温室气体排放配额，并根据本地区的碳排放总量控制目标和实际情况，向重点温室气体排放单位分配配额"；在第 20 条"温室气体排放权交易制度"中规定"重点排放单位及符合交易规则规定的单位和个人均可参与碳排放权交易"。而在当前的国内相关法律政策中，主要使用的是"碳排放交易"这一概念。例如，国家发改委起草的《碳排放权交易管理条例》（送审稿），各省市的碳排放权管理办法等。因此，我们认为使用"碳排放权交易管理"这一概念更符合当前国内立法的实际，也与《湖北省碳排放权管理和交易暂行办法》相协调。

第三，应从省级立法层面上对碳排放交易进行管理。中国作为人口众多的发展中国家，由于生存与发展的需要，现阶段的碳排放总量仍呈上升趋势，分区域进行碳排放交易试点是当前所采取的主要措施。湖北省是国家开展碳排放交易试点的省区，湖北省的应对气候变化应将碳排放交易管理作为实现本省区域内控制温室气体排放的目标、减缓气候变化的措施。

第四，为了加强碳排放权交易市场建设，规范碳排放权管理活动，有效控制温室气体排放，推进资源节约、环境友好型社会建设，根据有关法律、法规和国家规定，湖北省结合本省实际，制定并于2014年6月1日施行了《湖北省碳排放权管理和交易暂行办法》。该暂行办法第3条规定"本省实行碳排放总量控制下的碳排放权交易。碳排放权管理及其交易遵循公开、公平、公正和诚信原则"；第4条规定"省发展和改革委员会是本省碳排放权管理的主管部门（以下简称'主管部门'），负责碳排放总量控制、配额管理、交易、碳排放报告与核查等工作的综合协调、组织实施和监督管理"；第8条规定"主管部门建立碳排放权注册登记系统，用于管理碳排放配额的发放、持有、变更、缴还、注销和中国核证自愿减排量（CCER）的录入，并定期发布相关信息"；第10条规定"县级以上人民政府应当加强对碳减排工作的领导。主管部门应当广泛开展对碳排放权管理的宣传培训和教育引导，认真听取并采纳企业对碳排放权管理和交易的合理意见、建议，定期评估碳排放权管理工作"。为了保证本办法与《湖北省碳排放权管理和交易暂行办法》的协调性，本条基本上采用了与该暂行办法一致的表述。

第五，国家发展和改革委员会的初稿中用三条来规定"碳排放总量控制制度"、"温室气体排放配额管理制度"、"温室气体排放权交易制度"，而《湖北省碳排放权管理和交易暂行办法》及其他省市的碳排放权管理办法，都将这三种制度作为碳排放权交易管理制度的一部分。应对气候变化立法并非碳排放权管理立法，我们认为用一个条款来规定作为减缓气候变化措施的"碳排放权交易管理"即可，具体的"碳排放总量控制"、"温室气体排放配额管理"、"温室气体排放权交易"应由碳排放权管理立法作出规定。

基于以上分析，我们给出的表述是：实行碳排放总量控制下的碳排放权交易。省发展和改革委员会负责碳排放总量控制、配额管理、交易、碳排放报告与核查等工作的综合协调、组织实施和监督管理，建立碳排放权注册登记系统。县级以上人民政府应当加强对碳减排工作的领导。

第 16 条【温室气体排放统计核算报告】

【拟规条为】按照国家统计指标体系，做好能源活动、工业生产过程、农业活动、废弃物处理和土地利用变化与林业领域的温室气体排放基础数据统计工作，建立完整的温室气体排放数据信息系统；实行钢铁、煤炭等重点排放单位直接报送能源和温室气体排放数据制度。将控制温室气体排放目标纳入县级以上人民政府的经济社会发展规划和年度计划，构建政府、行业、企业温室气体排放基础统计、核算和报告工作体系，加大督查考核力度。

【解释】关于温室气体排放统计核算，青海省未作出规定，国内的其他三份气候变化立法对此的表述分别为：

山西省：逐步推行建设项目温室气体排放评价制度，建立和完善建设项目温室气体排放强度评价指标体系、评价标准和评价办法，核定建设项目温室气体排放总量。

中国社科院项目组：【节能减排责任书】国家制定节能减排目标和方案。县级以上人民政府应当自上而下逐级签订节能减排责任书，规定下级人民政府的节能减排目标和任务。上级人民政府对下级人民政府的节能减排目标完成情况和温室气体减排方案实施情况进行监督检查和考核。国务院以温室气体排放源全国普查数据和我国的温室气体减排目标为基准，确定全国范围内重点排放单位的排放总配额，总配额按照重点行业和行政区划分配。县级以上地方人民政府根据本行政区域获得的配额，自上而下逐级分解到重点行业和重点排放单位。

国家发展和改革委员会的初稿：第 8 条【温室气体排放统计核算制度】国家建立温室气体排放统计核算制度。县级以上人民政府应当将温室气体排放等基础统计指标纳入政府统计指标体系。省级以上人民政府应对气候变化主管部门会同本级人民政府有关部门开展本行政区域的温室气体清单编制和二氧化碳排放核算工作。

第 18 条【企事业单位温室气体排放核算报告制度】国家建立重点企事业单位温室气体排放核算报告制度。国务院应对气候变化主管部门应当制定重点企事业单位温室气体排放核算方法与报告指南，根据国家控制温室气体排放目标要求，确定并公布纳入温室气体报告范围的重点企事业单位排放量的门槛，并对重点企事业单位的排放情况进行登记。省级人民政府应对气候变化主管部门应当审核本行政区域内重点企事业单位的排放情况并向国家应对气候变化主管部门汇总上报。达到重点企事业单位排放量门槛的单位应当按照国务院应对气候变化主管部门的有关规定，向省级人民政府应对气候变化主管部门如实报告温室气体排放情况。除涉及国家秘密和商业秘密的内容外，重点企事业单位的温室气体排放信息应当公开。

山西省、中国社科院项目组及国家发展和改革委员会的初稿规定的共同点在于：第一，都认为应对温室气体排放情况予以监督、考核。第二，应制定具体的考核方案及标准。

以上三者的不同点在于：

第一，中国社科院项目组是在"节能减排责任书"条目中提出"上级人民政府对下级人民政府的节能减排目标完成情况和温室气体减排方案实施情况进行监督检查和考核"，没有提出专门建立"建设项目温室气体排放评价制度"；山西省用专条来规定"温室气体排放评价制度"方面的问题。而国家发展和改革委员会的初稿则是用"温室气体排放统计核算制度"和"企事业单位温室气体排放核算报告制度"两条来对温室气体排放统计核算作出规定。

第二，中国社科院项目组的规定是对各级地方政府的温室气体减排情况进行监督检查和考核；国家发展和改革委员会的初稿既规定了各级政府对温室气体排放统计核算的责任，也规定了重点企事业单位报告排放情况的责任。而山西省则是以建设项目为导向，要求"逐步推行建设项目温室气体排放评价制度，建立和完善建设项目温室气体排放强度评价指标体系、评价标准和评价办法，核定建设项目温室气体排放总量"。

我们的观点是：

第一，有必要将建立温室气体排放统计核算体系作为控制温室气体排放的重要措施之一。建立一个涵盖能源活动、工业生产过程、农业活动、土地利用变化和林业、废弃物处理等领域的温室气体排放基础统计指标体系，建立完整的数据收集、核算系统，对于摸清湖北省各行业、地区温室气体排放情况至关重要。只有按照国家统计指标体系，掌握本省的真实排放数据，才能制定符合实际情况的排放目标，从而采取有效的控制排放的措施。而且，加快建立温室气体排放统计核算体系，已经被列入《湖北省"十二五"控制温室气体排放工作实施方案》，是湖北省控制温室气体排放工作的一项既定内容。在本办法中，将"温室气体排放统计核算体系"纳入其中，也体现了政策与法规的延续性。因此，本办法应对建立温室气体排放统计核算体系加以规定。

第二，我们赞同国家发展和改革委员会的初稿的观点，温室气体排放核算体系应包含对地方政府的监督、考核以及对行业、企业的排放核算、评价两个部分，不应只强调单方面的责任。一方面，对各行业、各排放单位，尤其是重点排放单位，应加强统计和数据核查工作，充分摸清各行业、各排放单位的排放数据，定期进行核算、评价；另一方面，要求地方政府根据各地区的排放情况，制定地方控制温室气体排放的目标，将其纳入地方经济社会发展规划和年度计划，并加以考核，落实地方政府在控制温室气体排放方面的责任。

第三，虽然对政府责任和重点排放单位的责任都作出规定，但是考虑与其他减缓措施规定的平衡，我们认为没有必要用两条来分别加以规定，因此只采用一个条款来规定"温室气体排放统计核算"制度。

基于以上分析，我们给出的表述是：按照国家统计指标体系，做好能源活动、工业生产过程、农业活动、废弃物处理和土地利用变化与林业领域的温室气体排放基础数据统计工作，建立完整的温室气体排放数据信息系统；实行钢铁、煤炭等重点排放单位直接报送能源和温室气体排放数据制度。将控制温室气体排放目标纳入县级以上人民政府的经济社会发展规划和年度计划，构建政府、行业、企业温室气体排放基础统计、核算和报告工作体系，加大督查考核力度。

第 17 条【工业措施】

【拟规条为】强化从生产源头、生产过程到产品的碳排放管理，形成低能耗、低污染、低排放的工业体系。推进供给侧改革，加快淘汰落后产能，对不符合节能减排要求的技术、工艺、设备实行强制淘汰制度，使供给体系更好适应需求结构变化。重点控制钢铁、石化、纺织、汽车等行业的工业生产过程温室气体排放。严格执行高耗能产品能耗限额、主要终端用能产品能效等强制性国家标准，鼓励用户选用低碳产品，禁止生产、进口和销售达不到最低能效标准的产品。

【解释】关于控制工业生产过程温室气体排放措施，青海省没有作出规定。国内其他的三份气候变化立法对此的表述分别为：

山西省：严格执行国家及省有关产业政策和行业准入标准，健全强制淘汰高能耗的落后工艺、技术和设备制度，依法淘汰落后的能耗过高的用能产品、设备，禁止生产、进口和销售达不到最低能效标准的产品。控制高耗能、高污染和高排放生产工艺和产品的生产，强化电力、钢铁、焦化、有色金属、化工、建材等重点行业以及交通运输、农业机械、建筑、商业和民用等行业的节能技术开发和推广。

中国社科院项目组：【鼓励低碳生产与淘汰落后】国务院发展与改革部门会同国务院工业、科技、环境保护等行政主管部门定期发布低碳生产工艺设备的导向目录，鼓励企事业单位更新能源利用结构，促进低碳利用技术的提高。国家加快淘汰落后产能，对不符合节能减排要求的技术、工艺、设备实行强制淘汰制度。对存在落后技术、设备和工艺的企事业单位，要予以公布，责令限期淘汰。具体名录由国务院发展与改革部门会同工业、科技、环保行政主管部门发布。国务院发展与改革部门会同国务院工业、科技、环境保护、商务等行政主管部门制定高耗能产品能耗限额、主要终端用能产品能效等强制性国家标准，定期发布落后的高耗能产品目录，鼓励用户选用低碳产品。

国家发展和改革委员会的初稿：【减缓气候变化的总体要求】国家采取优化产业结构和能源结构、节约能源和提高能效、增加碳汇、控制非能源活动温室气体排放等多种手段，有效控制温室气体排放，促进低碳发展。县级以上人民政府应对根据国家控制温室气体排放行动目标和本地区应对气候变化规划，采取有效措施控制温室气体排放。能源、工业、交通运输、建筑、农业、林业、废弃物处理等行业主管部门应当将减缓气候变化纳入本部门及行业战略和规划，根据国家控制温室气体排放行动目标，采取具体措施和行动控制温室气体排放。

山西省与中国社科院项目组两者规定的共同点在于：第一，都提出建立强制淘汰落后技术、工艺和设备的制度。第二，均提出淘汰达不到最低能效标准的产品。国家发展和改革委员会的初稿仅在总体要求中简单提及工业主管部门"应当将减缓气候变化纳入本部门及行业战略和规划，根据国家控制温室气体排放行动目标，采取具体措施和行动控制温室气体排放"。

山西省与中国社科院项目组两者规定的不同点在于：第一，山西省根据本省情况，提出控制高耗能、高污染和高排放生产的重点行业，中国社科院项目组则没有明确重点行业。第二，中国社科院项目组规定对存在落后技术、设备和工艺的企事业单位，要予以公布，责令限期淘汰。由国务院发展与改革部门会同工业、科技、环保行政主管部门发布具体名录。山西省没有对此作出规定。第三，中国社科院项目组在淘汰落后的同时，提出促进低碳利用技术的提高，以及鼓励用户选用低碳产品。山西省只对淘汰落后作出规定，并未提出鼓励低碳技术和产品。

我们的观点是：

第一，供给侧结构性改革旨在调整经济结构，使要素实现最优配置，提升经济增长的质量和数量。中国的结构性问题主要包括产业结构、区域结构、要素投入结构、排放结构、经济增长动力结构和收入分配结构六个方面的问题。供给侧结构性改革，就是从提高供给质量出发，用改革的办法推进结构调整，提高供给结构对需求变化的适应性和灵活性，提高全要素生产率，更好满足广大人民群众的需要，促进经济社会持续健康发展。中国供需关系正面临着不可忽视的结构性失衡。过剩产能已成为制约中国经济转型的一大包袱。产业结构问题突出表现在低附加值产业、高消耗、高污染、高排放产业的比重偏高，中国工业排放结构中废水、废气、废渣、二氧化碳等排放比重高。而高附加值产业、绿色低碳产业、具有国际竞争力产业的比重偏低。为此，应对气候变化的工业措施需要促进高技术含量、高附加值产业的发展；需要加快生态文明体制改革，为绿色低碳产业发展提供动力，淘汰落后产能和"三高"行业等。

第二，工业过程是温室气体的重要来源，调整能源结构可以控制能源活动造成的温室气体排放，其他非能源工业生产的温室气体排放也同样需要加以控制。虽然山西省、中国社科院项目组对涉及工业过程的措施的规定，没有提出"工业措施"这样一个概念，但是，其内容实质上是规定了在工业生产过程中如何控制温室气体排放的问题。因此，我们认为在有必要将工业措施作为控制温室气体排放的措施单独提出来。

第三，控制工业过程中的温室气体排放，不仅是对生产过程中的排放加以管理，还涉及生产源头和产品的碳排放管理各个环节。应将工业过程整个链条纳入控制排放的管理中，最终达到形成低能耗、低污染、低排放的工业体系的目的。

第四，对于工业生产来说，建立强制淘汰落后技术、工艺和设备的制度是控制温室气体排放的必由之路。淘汰落后产能，鼓励使用新技术、新工艺、新设备，将有效控制工业过程的温室气体排放。例如，推广利用电石渣、造纸污泥、脱硫石膏、粉煤灰、矿渣等固体工业废渣和火山灰等非碳酸盐原料生产水泥，加快发展新型低碳水泥，鼓励使用散装水泥、预拌混凝土和预拌砂浆；鼓励采用废钢电炉炼钢——热轧短流程生产工艺；推广有色金属冶炼短流程生产工艺技术；减少石灰土窑数量；通过改进生产工艺，减少电石、制冷剂、己二酸、硝酸等行业生产过程温室气体排放；等等。

第五，根据湖北省的工业发展现状，重点控制电力、钢铁、有色、建材、石化、造纸等行业的工业过程温室气体排放。与山西省的情况类似，湖北省工业结构偏重型特征明显，2010年工业增加值占地区生产总值的42.1%，工业能源消费量占全社会能源消费总量的67.7%，单位生产总值能耗比全国平均值（1.034吨标准煤/万元）高出14.4%。其中，主营收入中过千亿元产业的钢铁、石化、纺织、汽车都属于高碳排放行业，石油加工炼焦及核燃料加工业等6大高耗能行业完成总产值占规模以上工业的33.1%，能源消费量占规模以上工业企业能源消费总量的60.7%[1]。因此，重点控制电力、钢铁、有色、建材、石化、造纸等行业，是在控制湖北省工业过程温室气体排放的取得进展的重要保障，有必要对重点行业控排作出规定。

第六，应严格执行高耗能产品能耗限额、主要终端用能产品能效等强制性国家标准产品能效标准。通过制定用能产品（energy-related products）的能效标准（如欧盟的家用电器标签指令等），用贴能效标签的方式提高消费者对实际能源消耗的认识，以影响他们的购买决策。欧盟等发达国家和地区的能效标签制度在增加使用能源效率更高的产品方面是成功的。我国近年来也在生产用能产品的行业推广能耗标签制度，在降低工业产品终端使用排放，引导低碳产品消费方面起到了较好的作用。我们认为，与山西省、中国社科院项目组一样，应该将执行用能产品强制性国家能效标准纳入本条规定。

基于以上分析，我们给出的表述是：强化从生产源头、生产过程到产品的碳排放管理，形成低能耗、低污染、低排放的工业体系。推进供给侧改革，加快淘汰落后产能，对不符合节能减排要求的技术、工艺、设备实行强制淘汰制度，使供给体系更好适应需求结构变化。重点控制钢铁、石化、纺织、汽车等行业的工业生产过程温室气体排放。严格执行高耗能产品能耗限额、主要终端用能产品能效等强制性国家标准，鼓励用户选用低碳产品，禁止生产、进口和销售达不到最低能效标准的产品。

---

[1] 参见湖北省人民政府：《湖北省低碳发展"十二五"规划（2011—2015）》。

第18条【农业措施】

【拟规条为】 调整农业产业结构，推广低碳农业技术，控制和减少农牧业活动中温室气体的排放量。实施农业面源污染防治工程，减少农田氧化亚氮排放。应用畜禽养殖废弃物减量化技术和水稻半旱式栽培技术，有效控制禽畜养殖业甲烷和氧化亚氮排放，降低稻田甲烷排放强度。大力发展户用沼气和大中型沼气，建设农村秸秆气化工程。

【解释】 关于农业控制温室气体排放措施，国内已有的四份气候变化立法对此的表述分别为：

青海省：县级以上人民政府及其农牧等相关部门应当加强农村牧区环境综合整治，控制和减少农牧业活动中温室气体的排放量。推广光伏发电、风能、太阳能灶、太阳能采暖房、牲畜暖棚等项目在农牧民生产生活中的应用。鼓励、支持科研机构和企业开展秸秆综合利用技术开发，积极推广秸秆还田等技术的应用，帮助农民提高秸秆综合利用技能，禁止露天焚烧秸秆和其他烧荒活动。推进农村牧区改水、改厕、改圈工程，提高粪便处理和沼气利用普及率。

山西省：加强生态农业建设，推广科学合理使用化肥、农药技术，大力加强耕地质量建设，推广秸秆还田和少耕免耕技术，减少农田氧化亚氮排放，增加农田土壤碳贮存。研究开发优良反刍动物品种技术、规模化饲养管理技术，加强对动物粪便、废水和固体废弃物的管理，加大沼气利用，降低畜产品的甲烷排放强度。

中国社科院项目组：【农业措施】国家采取措施加强农业和畜牧业生产方式转变，减少农田种植和畜禽养殖中的温室气体排放，加大生物质能开发和利用，加快农村沼气建设，增加农田和草地碳汇。

国家发展和改革委员会的初稿：【减缓气候变化的总体要求】国家采取优化产业结构和能源结构、节约能源和提高能效、增加碳汇、控制非能源活动温室气体排放等多种手段，有效控制温室气体排放，促进低碳发展。县级以上人民政府应根据国家控制温室气排放行动目标和本地区应对气候变化规划，采取有效措施控制温室气体排放。能源、工业、交通运输、建筑、农业、林业、废弃物处理等行业主管部门应当将减缓气候变化纳入本部门及行业战略和规划，根据国家控制温室气体排放行动目标，采取具体措施和行动控制温室气体排放。

其中，国家发展和改革委员会的初稿仅在总体要求中简单提及农业主管部门"应当将减缓气候变化纳入本部门及行业战略和规划，根据国家控制温室气体排放行动目标，采取具体措施和行动控制温室气体排放"。其他三者的共同点在于：第一，控制和减少农业活动中温室气体的排放量。第二，鼓励、支持生物质能的综合利用和技术开发，都重视沼气的利用。

青海省、山西省和中国社科院项目组三者的不同点在于：第一，青海省用一个条文规定控制和减少温室气体的排放方面措施和要求；山西省和中国社科院项目组将控制和减少农业活动中的温室气体的排放与增加农田和草地碳汇合并于一条加以规定。第二，青海省将鼓励推广光伏发电、风能、太阳能灶、太阳能采暖房、牲畜暖棚纳入农业措施中，山西省和中国社科院项目组没有将这些新能源的利用专门在农业措施中加以表述。第三，青海省和山西省结合本省省情，对具体减排和资源利用措施规定得较为详细，中国社科院项目组在具体措施方面规定得相对比较简略。

我们的观点是：

第一，农业和农村的生产生活也是温室气体产生的来源，其中农业是氧化亚氮和甲烷等温室气体排放的主要来源。减缓性气候变化法要通过促进科学灌溉和合理施肥等措施减少氧化亚氮的排放；通过加强对农作物秸秆、动物粪便、废水和固体废弃物的管理，加大沼气利用力度等措施控制农业甲烷的排放。[1] 农业方面应对气候变化行动是我国实施可持续发展战略的重要组成部分。因此，应将控制农业和农村的温室气体排放作为减缓人类对气候变化的消极影

---

[1] 参见廖建凯著：《我国气候变化立法研究——以减缓、适应及其综合为路径》，中国检察出版社 2012 年版，第 73 页。

响的措施之一。

第二，控制农业温室气体的排放与增加农田碳汇是两类不同的减缓气候变化的措施，两者对减缓气候变化产生的作用机制是不同的。我们认为，青海省将两者分开，以不同的条文加以规定，更符合两类措施的不同性质。因此，我们不采用山西省和中国社科院项目组将农业减排与增汇合并进一个条文的方式，而是在"控制温室气体排放措施"和"增加碳汇措施"中分别用不同的条文加以表述。

第三，青海省将鼓励推广光伏发电、风能、太阳能灶、太阳能采暖房、牲畜暖棚纳入农业措施中，是由于青海本身是农牧业为主的省份，其新能源的利用也主要是在农业领域。因此，它在有关农业的条款中规定了新能源的利用。而山西省和中国社科院项目组因与青海省针对的情况不同，都是在其他条款中规定了新能源的利用问题。湖北省的新能源利用问题同样不仅仅局限于农业领域，"推广低碳农业技术"也应包含了对新能源技术的推广，所以不再对农业领域的光伏发电、风能、太阳能等新能源的利用问题单独加以规定。

第四，在农业控制温室气体排放措施方面，应保持与现有政策的一致性，并概括、突出重点。《湖北省"十二五"控制温室气体排放工作方案》（鄂政发〔2012〕99号）对于农业控制排放方面作出如下规定：加快淘汰老旧农机具，推广农用节能机械、设备和渔船。推进节能型住宅建设，推动省柴节煤灶更新换代，开展农村水电增效扩容改造。加快太阳能热水器在农村的普及应用，大力发展户用沼气和大中型沼气，建设农村秸秆气化工程。到 2015 年，力争全省户用沼气总数达到总农户数的 35%，占适宜农户数的 60%；推广太阳能热水器 25 万台、高效低排生物质炉灶 25 万台；秸秆综合利用率达到 85% 以上。强化农业面源污染监测，防治农业面源污染，加强农村环境综合整治，实施农村清洁工程，鼓励污染物统一收集、集中处理。实施规模化畜禽养殖场污染治理工程，规模化畜禽养殖场和养殖小区配套建设废弃物处理设施的比例达到 65% 以上。因地制宜推进农村低成本、易维护的污水处理设施建设。推广测土配方施肥，鼓励使用高效、安全、低毒农药，推动无公害、有机农业发展。因此，本条的拟定仍以推广低碳农业技术，从作物种植、畜禽养殖废弃物方面采取措施，降低氧化亚氮和甲烷的排放量，以及加强对沼气的应用为主要内容。

基于以上分析，我们给出的表述是：调整农业产业结构，推广低碳农业技术，控制和减少农牧业活动中温室气体的排放量。实施农业面源污染防治工程，减少农田氧化亚氮排放。应用畜禽养殖废弃物减量化技术和水稻半旱式栽培技术，有效控制禽畜养殖业甲烷和氧化亚氮排放，降低稻田甲烷排放强度。大力发展户用沼气和大中型沼气，建设农村秸秆气化工程。

第 19 条 【交通措施】

【拟规条为】 加强综合交通运输体系建设，优化交通运输结构，促进各种交通运输方式协调发展和有效衔接。逐步形成布局合理、无缝衔接、便捷高效的综合交通运输枢纽，提高运输效率，控制交通领域温室气体排放。鼓励研发、生产、推广、使用低耗能、低排放的运输装备，重点开展节能与新能源汽车、节能环保型船等示范推广。倡导低碳出行，优先发展公共交通，完善公共交通服务体系，鼓励利用公共交通工具出行以及使用非机动交通工具出行。

【解释】 关于交通措施，青海省和山西省未作出规定。中国社科院项目组和国家发展和改革委员会的初稿对此的表述分别为：

中国社科院项目组：【交通体系措施】国家加快现有交通体系的优化和低碳化改造，大力发展清洁能源汽车、公共交通，倡导低碳出行。国家机关、事业单位等财政拨款的单位应当采取限制和补贴相结合的措施，加强车辆管理，引导工作人员优先选择公共交通工具，减少专用交通工具的使用。地方各级人民政府应当为本行政区域内的交通运输企业分配核定豁免排放配额。核定豁免排放配额不足的，应当依据温室气体的性质通过企业内部减增挂钩、市场交易手段取得不足的排放配额或者有偿申请不足的排放配额。

国家发展和改革委员会的初稿：【减缓气候变化的总体要求】

国家采取优化产业结构和能源结构、节约能源和提高能效、增加碳汇、控制非能源活动温室气体排放等多种手段，有效控制温室气体排放，促进低碳发展。县级以上人民政府应对根据国家控制温室气体排放行动目标和本地区应对气候变化规划，采取有效措施控制温室气体排放。能源、工业、交通运输、建筑、农业、林业、废弃物处理等行业主管部门应当将减缓气候变化纳入本部门及行业战略和规划，根据国家控制温室气体排放行动目标，采取具体措施和行动控制温室气体排放。

中国社科院项目组的规定有以下特点：第一，对交通体系提出优化和低碳化改造的要求。第二，以发展清洁能源汽车和公共交通，为倡导、推进低碳出行创造条件。第三，通过限制与补贴相结合的方式，来加强财政拨款单位的车辆管理，从而引导工作人员优先选择公共交通工具。第四，建立交通运输企业的豁免排放配额制度。国家发展和改革委员会的初稿仅在总体要求中简单提及交通运输主管部门"应当将减缓气候变化纳入本部门及行业战略和规划，根据国家控制温室气体排放行动目标，采取具体措施和行动控制温室气体排放"。

我们的观点是：

第一，交通也是重要的温室气体排放源，其碳排放量目前占全球碳排放量的13%，是能源行业所占比例的1/2①。控制交通业的温室气体排放对于应对气候变化具有重要意义。随着科技的迅速发展，现代交通已经进入以铁路、公路、水运、航空等多种运输方式共同发展、互补衔接为特征，以综合运输体系为主的时代。② 我国正处于城镇化的过程中，交通流量、汽车增幅都处于快速发展阶段，这同时带来了温室气体排放增长的压力。加强综合交通运输体系建设，逐步形成布局合理、无缝衔接、便捷高效的综合交通运输

----

① 参见董恒宇、云锦凤、王国钟主编：《碳汇概要》，科学出版社2012年版，第227页。

② 参见安建主编：《中华人民共和国节约能源法释义》，法律出版社2007年版，第65页。

枢纽，才能提高交通运输行业的能源利用效率。湖北省大力推进武汉、十堰现代综合运输体系建设试点，即是为了提高综合运输体系的整体效率和能源利用水平。因此，本条要求加强综合交通运输体系建设，形成高效的综合交通运输枢纽。

第二，经过多年发展，目前湖北省的营运客车基本实现柴油化，全面淘汰了水泥船和挂浆船，全省 1/3 的出租车和 2/3 的公交车实行了"油改气"。在此基础上，湖北省仍然需要进一步优化运输结构，淘汰能耗高的旧车船等交通工具，推广清洁燃料车船。

第三，湖北省的汽车产业发展具有一定优势，并且在近年已经开始把发展电动汽车替代汽油、柴油汽车作为主要发展方向，辅助发展充电式混合动力、纯电动、燃料电池、天然气、沼气等新能源汽车。目前，湖北省新能源汽车拥有量达到 27000 余台，其中营运新能源公交车 4435 台，营运新能源出租车 21577 台，其他领域新能源汽车达到 1000 台左右。在这样的产业发展条件下，湖北省应鼓励研发、生产、推广、使用低耗能、低排放的运输装备，其重点是开展节能与新能源汽车、节能环保船型等示范推广。

第四，倡导低碳出行，包括鼓励更多地使用公共交通工具和非机动交通工具两个方面。前者主要通过优先发展公共交通，完善公共交通服务体系，吸引更多的人选择乘用公共交通工具来实现；后者则需要通过宣传倡导和建设非机动车的服务设施和网络来促进。武汉市建立的"免费自行车服务网络"，已拥有免费自行车 9 万辆，每日使用近 20 万人次。这种服务和网络建设应予以倡导和推广。

基于以上分析，我们给出的表述是：加强综合交通运输体系建设，优化交通运输结构，促进各种交通运输方式协调发展和有效衔接。逐步形成布局合理、无缝衔接、便捷高效的综合交通运输枢纽，提高运输效率，控制交通领域温室气体排放。鼓励研发、生产、推广、使用低耗能、低排放的运输装备，重点开展节能与新能源汽车、节能环保船型等示范推广。倡导低碳出行，优先发展公共交通，完善公共交通服务体系，鼓励利用公共交通工具出行以及使用非机动交通工具出行。

第 20 条 【建筑措施】

【拟规条为】优化城市规划和功能布局，鼓励建筑节能科技创新，加快既有建筑节能改造，确保新建筑严格执行建筑节能标准，实行国家公共建筑室内温度控制制度，减少建筑物能耗。积极推广绿色建筑和可再生能源建筑，建设可再生能源建筑应用示范项目。

【解释】关于建筑措施，国内已有的四份气候变化立法对此的表述分别为：

青海省：县级以上人民政府应当支持企业事业单位开展太阳能、风能、生物质能等可再生能源开发利用，推动太阳能光伏建筑一体化和太阳能路灯等节能系统在城镇建筑、基础设施中的应用。鼓励和扶持在既有建筑节能改造和新建建筑中采用太阳能等可再生能源，减少建筑物采暖能耗。

山西省：第 24 条 加快发展绿色、低碳建筑，严格执行新建建筑节能标准，加大既有建筑节能改造力度，提高可再生能源建筑应用水平和规模，加快建筑节能科技创新，推动建筑节能技术应用和示范项目建设。鼓励和扶持在既有建筑节能改造和新建建筑中采用太阳能等可再生能源，减少建筑物采暖耗能。

第 25 条 县级以上人民政府应当支持企业事业单位开展太阳能、风能、生物质能等可再生能源开发利用，推动太阳能光伏建筑一体化和太阳能路灯等节能系统在城镇建筑、基础设施中的应用。

中国社科院项目组：【建筑措施】国务院建设等行政主管部门负责制定建筑物的温度控制和节能标准，鼓励业主按照标准新建和改造建筑，减少生活和工作对能源的消耗。办公室、会议厅、宾馆、饭店、电影院等公共场所夏天降温调控的温度不得低于 26 度，冬天增温调控的温度不得高于 20 度，医院、疗养院等特殊的场所除外。国家采取措施促进可再生能源在建筑中的利用，加快现有建筑的低碳化改造，倡导绿色和低碳建筑。拆除仍然处于使用年限的建筑并在原址新建建筑的，应当缴纳资源和能源浪费税。城镇新建住宅，应当符合国家和地方新建建筑节能标准。资源和能源浪费税的征收和使用办法，由国务院税务行政主管部门会同国务院发展与改革等部门制定。

国家发展和改革委员会的初稿：【减缓气候变化的总体要求】国家采取优化产业结构和能源结构、节约能源和提高能效、增加碳汇、控制非能源活动温室气体排放等多种手段，有效控制温室气体排放，促进低碳发展。县级以上人民政府应对根据国家控制温室气体排放行动目标和本地区应对气候变化规划，采取有效措施控制温室气体排放。能源、工业、交通运输、建筑、农业、林业、废弃物处理等行业主管部门应当将减缓气候变化纳入本部门及行业战略和规划，根据国家控制温室气体排放行动目标，采取具体措施和行动控制温室气体排放。

其中，国家发展和改革委员会的初稿仅在总体要求中简单提及建筑行业主管部门"应当将减缓气候变化纳入本部门及行业战略和规划，根据国家控制温室气体排放行动目标，采取具体措施和行动控制温室气体排放"。其余三者的共同点在于：第一，推动、支持、鼓励建筑物节能。第二，对于既有建筑物节能和新建建筑物节能都作出了相应规定。第三，在鼓励采用新能源的同时，要求减少建筑物能耗。

青海省、山西省和中国社科院项目组三者的不同点在于：第一，青海省的建筑物节能措施侧重于利用可再生能源等新能源；山西省除了利用新能源外，还提出加快建筑节能科技创新，推动建筑节能技术应用和示范项目建设。第二，中国社科院项目组对办公室、会议厅、宾馆、饭店、电影院等公共场所提出了"夏天降温调控的温度不得低于26度，冬天增温调控的温度不得高于20度"的具体公共建筑室内温度控制制度。青海省和山西省没有作出具体规定。第三，中国社科院项目组提出了"拆除仍然处于使用年限的建筑并在原址新建建筑的，应当缴纳资源和能源浪费税"。

我们的观点是：

第一，在减缓气候变化的建筑措施方面，我们认为应将"优化城市规划和功能布局"作为大前提。这是将城市作为由建筑组成的一个用能总体来看待的，城市规划和功能布局直接影响城镇建筑、基础设施的节能改造与绿色建筑、低碳建筑的发展。因此，将

"优化城市规划和功能布局"列于本条的首位。

第二，建筑节能技术是一类适用于建筑行业的专门技术，因此，有必要对建筑节能科技创新进行鼓励。

第三，青海省、山西省、中国社科院项目组的规定都体现了利用新能源与减少建筑物能耗并举的思路，我们认为这是可取的。因此，采用"减少建筑物能耗"的表述。

第四，山西省提出推动建筑节能技术应用和示范项目建设，我们认为这一规定有利于以点带面，推广绿色建筑和可再生能源建筑的发展。湖北省已有武汉、襄阳等13个国家可再生能源建筑应用示范市县和1个集中示范区。截至2012年底，全省获得绿色建筑标识项目达23个，总数居全国第5位。将启动可再生能源建筑应用示范项目有武汉王家墩中央商务区、武汉新城国际博览中心、武汉花山生态新城、咸宁华彬金桂湖低碳示范区、襄阳节能工业园等绿色建筑集中示范区等。因此，在本条中规定"积极推广绿色建筑和可再生能源建筑，建设可再生能源建筑应用示范项目"。

第五，《中华人民共和国节约能源法》第37条规定："使用空调采暖、制冷的公共建筑应当进行室内温度控制制度。具体办法由国务院建设主管部门规定。"这是以法律形式对公共建筑室内温度控制制度加以规定。而对公共建筑室内温度高低的控制，《国务院办公厅关于严格执行公共建筑空调温度控制标准的通知》（国办发〔2007〕42号）中已明确规定："所有公共建筑内的单位，包括国家机关、社会团体、企事业组织和个体工商户，除医院等特殊单位以及在生产工艺上对温度有特定要求并经批准的用户之外，夏季室内空调温度设置不得低于26摄氏度，冬季室内空调温度设置不得高于20摄氏度。"湖北省为执行该通知，专门制发了鄂政办发〔2007〕58号文。如果上述制度得到严格实施，就能起到较为明显的节能效果。而在实际执行中，该制度并没有完全得到落实。2013年夏季，湖北省节能监察中心组织不定期抽查时发现，武汉部分公共建筑空调温度低于26℃，其中抽查到的最低温度为23.5℃①。

---

① 参见《武汉25日创历史最大用电负荷，多处公共场所低于26℃》，载《楚天都市报》2013年7月26日。

因此，我们认为应当提倡公共建筑室内温度控制，但是更重要的是严格执行现有的标准，故在本办法中没有必要再专门提出公共建筑的温度控制的具体温度要求。

基于以上分析，我们给出的表述是：优化城市规划和功能布局，鼓励建筑节能科技创新，加快既有建筑节能改造，确保新建筑严格执行建筑节能标准，实行国家公共建筑室内温度控制制度，减少建筑物能耗。积极推广绿色建筑和可再生能源建筑，建设可再生能源建筑应用示范项目。

第 21 条 【固体垃圾处理】

【拟规条为】制定强制性垃圾分类回收标准，提高垃圾的资源综合利用率。全面实施生活垃圾收费制度，逐步实现垃圾源头削减、回收利用和最终无害化处理的全过程治理。研究开发和推广利用先进的垃圾焚烧技术、规模化垃圾填埋气回收利用和堆肥技术，控制垃圾处理中的温室气体排放。

【解释】关于固体垃圾处理，国内已有的四份气候变化立法对此的表述分别为：

青海省：县级以上人民政府及其环保等相关部门应当加强对辖区内废水、废气、固体废弃物排放单位的管理，推进城镇污水处理配套设施、中水回用设施及水质在线监测设施建设，开发先进的垃圾焚烧、填埋和回收技术，提高对废气、废水、废弃物的处理率，落实减排措施，削减污染排放。

山西省：提高垃圾的资源综合利用率，从源头上减少垃圾产生量。提高填埋场产生的可燃气体的收集利用水平，减少垃圾填埋场的甲烷排放量。大力研究开发和推广利用先进的垃圾焚烧技术、垃圾填埋气回收利用和堆肥技术，鼓励企业建设填埋气体收集利用系统。提高垃圾处理费征收标准，对垃圾填埋气体发电和垃圾焚烧发电的上网电价给予优惠。

中国社科院项目组：【环保措施】国家完善城市废弃物标准，实施生活垃圾处理收费制度，推广利用先进的垃圾焚烧技术，制定促进填埋气体回收利用的激励政策，控制废弃物处理中的温室气体排放。

国家发展和改革委员会的初稿：【减缓气候变化的总体要求】国家采取优化产业结构和能源结构、节约能源和提高能效、增加碳汇、控制非能源活动温室气体排放等多种手段，有效控制温室气体排放，促进低碳发展。县级以上人民政府应对根据国家控制温室气体排放行动目标和本地区应对气候变化规划，采取有效措施控制温室气体排放。能源、工业、交通运输、建筑、农业、林业、废弃物处理等行业主管部门应当将减缓气候变化纳入本部门及行业战略和规划，根据国家控制温室气体排放行动目标，采取具体措施和行动控制温室气体排放。

其中，国家发展和改革委员会的初稿仅在总体要求中简单提及废弃物处理主管部门"应当将减缓气候变化纳入本部门及行业战略和规划，根据国家控制温室气体排放行动目标，采取具体措施和行动控制温室气体排放"。其余三者的共同点在于：第一，开发先进的垃圾焚烧、填埋、回收技术等技术。第二，加强对垃圾处理的管理和制度建设。第三，控制或减少垃圾处理过程中的温室气体排放。

青海省、山西省和中国社科院项目组三者的不同点在于：第一，青海省将废水、废气、固体废弃物合并在一个条文中加以规定。山西省、中国社科院项目组是单独用一个条文来规定垃圾（固体废弃物）处理。第二，青海省的规定强调县级以上人民政府及其环保等相关部门对辖区内废水、废气、固体废弃物排放单位的管理责任。山西省和中国社科院项目组是通过建立和完善相关标准、制度来实现加强垃圾（固体废弃物）管理、控制温室气体排放的目的。第三，由于各自所针对的情况不同，山西省提出"提高垃圾处理费征收标准"，而中国社科院项目组规定的是"实施生活垃圾处理收费制度"。

我们的观点是：

第一，制定强制性垃圾分类回收标准是提高垃圾综合利用效率的重要措施，应以分类标准的制定和实施促进垃圾回收处理力度。《湖北省城镇生活垃圾无害化处理设施建设规划》以提高无害化处理能力和水平、完善收运网络为总体目标，对"十二五"期间加快生活垃圾无害化处理设施建设、完善收运转运体系、加快存量治理、推行生活垃圾分类、完善监管体系等提出了建设目标和任务，并提出了规划实施的保障措施。该规划是指导各地加快生活垃圾无害化处理设施建设和安排投资的重要依据。规划范围包括全省36个设市城市、41个县城，并通过以城带乡、设施共享等多种方式服务于重点镇。规划目标为：到2015年，湖北省新增生活垃圾无害化处理能力22832吨/日，武汉市生活垃圾无害化处理率达到100%，其他设市城市及县城达到85%以上，基本实现县县具备垃圾无害化处理的能力，加强生活垃圾处理的监管能力建设，到2015年基本建立完善的监管体系。

第二，《湖北省城市生活垃圾处理收费管理办法》规定："根据'谁产生垃圾谁付费'的原则，凡在本省城市（含县城、建制镇）建成区范围内产生生活垃圾的单位和个人，包括国家机关、企事业单位（包括交通运输工具）、个体经营者、社会团体、城市居民和城市暂住人口等，要按规定缴纳生活垃圾处理费。"全面实施生活垃圾收费制度，有利于从源头上削减垃圾产生量，是对垃圾进行全过程治理的首要内容。

第三，目前对城市固体废弃物主要采取末端管理的方式，而要最大限度地规范垃圾产生者和处理者的行为，必须对垃圾实行全过程治理，即包括垃圾源头削减、回收利用和最终无害化处理三个主要部分，并将三者结合起来，纳入城市管理的总体规划。

第四，关于先进的垃圾焚烧技术、规模化垃圾填埋气回收利用和堆肥技术方面，我们与青海省、山西省、中国社科院项目组的观点一致，认为应加以研究开发和推广利用，从而控制垃圾处理中的温室气体排放。

基于以上分析，我们给出的表述是：制定强制性垃圾分类回收标准，提高垃圾的资源综合利用率。全面实施生活垃圾收费制度，逐步实现垃圾源头削减、回收利用和最终无害化处理的全过程治理。研究开发和推广利用先进的垃圾焚烧技术、规模化垃圾填埋气回收利用和堆肥技术，控制垃圾处理中的温室气体排放。

第 22 条【城镇污水处理】

【拟规条为】加快建设城镇污水处理及再生利用设施，提升基本环境公共服务水平、促进主要污染物减排、稳步提升污水处理能力、加大配套管网建设力度。加强污水处理厂升级改造加大城镇污水配套管网建设力度。全面提升污水处理能力。

【解释】关于城镇污水处理，山西省、中国社科院项目组未作出规定，青海省和国家发展和改革委员会的初稿对此的表述分别为：

青海省：第 15 条　县级以上人民政府及其环保等相关部门应当加强对辖区内废水、废气、固体废弃物排放单位的管理，推进城镇污水处理配套设施、中水回用设施及水质在线监测设施建设，开发先进的垃圾焚烧、填埋和回收技术，提高对废气、废水、废弃物的处理率，落实减排措施，削减污染排放。

国家发展和改革委员会的初稿：【减缓气候变化的总体要求】国家采取优化产业结构和能源结构、节约能源和提高能效、增加碳汇、控制非能源活动温室气体排放等多种手段，有效控制温室气体排放，促进低碳发展。县级以上人民政府应对根据国家控制温室气体排放行动目标和本地区应对气候变化规划，采取有效措施控制温室气体排放。能源、工业、交通运输、建筑、农业、林业、废弃物处理等行业主管部门应当将减缓气候变化纳入本部门及行业战略和规划，根据国家控制温室气体排放行动目标，采取具体措施和行动控制温室气体排放。

国家发展和改革委员会的初稿在总体要求中规定废弃物行业主管部门"应当将减缓气候变化纳入本部门及行业战略和规划，根据国家控制温室气体排放行动目标，采取具体措施和行动控制温室气体排放"，可以理解为包括城市污水处理。而青海省的规定有以下特点：第一，将污水处理问题与废弃、固体废弃物处理问题在一个条文中加以规定。第二，强调废水处理，兼顾中水回用和水质在线监测。第三，以落实减排和削减污染排放为目标。

我们的观点是：

第一，水的问题是与经济社会发展密切相关的主要问题之一，水资源恶化对我国提高应对气候变化的能力是一个巨大挑战。重点流域、重点水源地等敏感水域地区的城镇污水处理，是我国推进减排工作的重要措施。湖北省地处长江流域，水资源丰富，属于重点流域、重点水源地，相应的在水资源利用和处理方面应对气候变化也就更有可为之处。近年来，为了确保减排目标的完成，湖北省发改委、住建厅、财政厅和环保厅等部门通过制定出台规划和收费政策，加大污水处理设施运行及建设情况的监督检查等措施，强力推进污水处理能力建设。武汉市制定了主城区污水全收集全处理五年行动计划，计划5年内投资108.6亿元，新建污水管网1031.5公里，新改扩建污水处理厂9座，形成完善的污水收集骨干管网体系，使中心城区污水处理能力达到278万吨/天，污水管网完善率达到80%，实现"一张干网全覆盖，两江水源得保护，三镇湖泊不纳污"的总体目标①。因此，在湖北省减缓人类活动对气候变化的消极影响的措施方面，应将水处理问题纳入其中。

第二，水处理问题与废气、固体废弃物的处理是不同的，三者的产生、检测、回收处理过程都具有各自的特点。城镇污水处理、管网配套、污泥处理处置及再生利用设施的建设、运营和管理都需要进行单独的统筹规划。为了进一步提高湖北省城镇污水处理及再生利用设施的能力和水平，改善湖北省城镇水环境质量，促进经济社会与环境协调发展，湖北省发展改革委、省住房和城乡建设厅、省环境保护厅联合发布了《湖北省城镇污水处理及再生利用设施建设规划（2011—2015年）》，对完善配套污水管网、加强污泥处理处置，升级改造未达到排放标准的现有污水处理设施，继续新建污水处理设施，促进污水再生利用，全面提升城镇污水处理和再生利用水平，为经济社会发展和人居环境改善提供良好的公共服务等

① 参见湖北省发展改革委会、湖北省住房和城乡建设厅、湖北省环境保护厅：《湖北省城镇污水处理及再生利用设施建设规划（2011—2015年）》。

作出了具体规定。由此可见，城镇污水处理是采用与废气和固体废弃物的处理技术、设施、方法完全不同的措施。因此，我们认为不宜将水处理问题与废气、固体废弃物的处理合并在一条中加以规定。

第三，当前我国的城镇污水处理中仍存在污水配套管网建设相对滞后、设施建设不平衡、部分处理设施不能完全满足环保新要求、多数污泥尚未得到无害化处理处置、污水再生利用程度低、设施建设和运营资金不足、运营监管不到位等问题。《"十二五"全国城镇污水处理及再生利用设施建设规划》对湖北省的主要指标要求如下①：

项目	设市城市		县城		建制镇		总计	
	2010年	"十二五"新增	2010年	"十二五"新增	2010年	"十二五"新增	2010年	"十二五"新增
新增污水配套管网规模（单位：千米）	3875.0	5507.0	587.0	1020.0		1896.0	4462.0	8423.0
新增污水处理规模（单位：万立方米/日）	421.4	141.0	31.0	20.0		86.0	452.4	247.0
新增污泥处理规模（单位：万吨/年（以干泥计）	6.0	14.0	0.0	1.7		0.0	6.0	15.7
升级改造污水处理规模（单位：万立方米/日）		190.0		2.0		0.0		192.0

根据湖北省当前城镇污水处理发展的情况以及国家、省的有关规划要求，湖北省在减缓气候变化的污水处理措施方面应重点建设

---

① 参见国务院：《"十二五"全国城镇污水处理及再生利用设施建设规划》（国办发〔2012〕24号）。

以下内容：

1. 建设和完善污水配套管网，提高管网覆盖率和污水收集率。《湖北省城镇污水处理及再生利用设施建设规划（2011—2015年）》确定湖北省"十二五"污水处理率、设施运行负荷率、污泥处理率和污水再生利用率目标为：武汉市规划污水处理率达到95%，其他设市城市及县城污水处理率达到80%以上，规划范围建制镇达到70%以上；武汉和其他地级市运行负荷率达到85%，县级市和县城负荷率达到75%，建制镇负荷率达到60%；武汉市污泥处理处置率达到80%，地级市达到70%、县级市及县城达到50%；污水再生利用率达到10%。新增污水处理能力299万立方米/日，新建污水管网7891.03千米，升级改造污水处理规模191.55万立方米/日，新建污泥处理处置规模27.245万吨（干泥）/年，新建污水再生利用设施规模87.98万立方米/日。

2. 通过加强技术指导和资金支持，加快污泥处理处置设施建设。《湖北省城镇污水处理及再生利用设施建设规划（2011—2015年）》规定到2015年，所有设市城市和县城具有集中污水处理能力。"十二五"期间，全省规划建设污水处理设施项目624个，总投资262.2亿元。规划还确定了69个"十二五"备选项目，总投资68亿元，新增污水处理规模47.1万立方米/日，新建污水管网1235.5公里。应紧紧抓住当前资金投入力度不断加大、激励约束机制日益完善、装备支撑显著增强、节能环保产业加快发展的有利时机，精心组织、科学谋划，加快推进处理设施建设，不断提高设施运营水平。

3. 科学确定设施建设标准，因地制宜选用处理技术和工艺。加大膜处理、新型生物脱氮等新技术研发力度，利用已有技术和研究成果进行集成创新，提高处理效果，降低处理成本。组织污泥能源化利用、土地利用及协同焚烧处置等技术示范。开展管网检漏、原位修复技术、在线控制技术研究，探索初期雨水蓄积及处理。按照城镇污水处理厂污泥处理处置技术有关要求和泥质标准选择适宜的污泥处理技术。采用多种技术处理处置污泥，尽可能回收和利用污泥中的能源和资源。鼓励将污泥经厌氧消化产沼气或好氧发酵处理后严格按国家标准进行土壤改良、园林绿化等土地利用，不具备土地利用条件的，可在污泥干化后与水泥厂、燃煤电厂等协同处置或焚烧。作为近期的过渡处理处置方式，可将污泥深度脱水和石灰稳定后进行填埋处置。重点流域、重要水源地等敏感水域地区的城镇污水处理设施，应根据水质目标和排污总量控制要求，选择具备除磷脱氮能力的工艺技术。污水处理应坚持集中与分散处理相结合的原则，在人口密度较低、水环境容量较大的地方，以及地处非环境敏感区的建制镇，在满足环保要求的前提下，可根据实际条件采用"分散式、低成本、易管理"的处理工艺，鼓励自然、生态的处理方式。

4. 对部分已建污水处理设施进行升级改造，进一步提高对主要污染物的削减能力。大力改造除磷脱氮功能欠缺、不具备生物处理能力的污水处理厂，重点改造设市城市和发达地区、重点流域以及重要水源地等敏感水域地区的污水处理厂，充分发挥城市污水处理厂的减排能力。加大污染减排重点企业监管和总量核查力度，为全面完成总量减排任务提供执法保障；结合湖北省长江流域水环境现状，全面排查整治涉磷企业环境污染问题，确保长江流域水环境安全。对磷化工企业、磷石膏渣场、磷矿开采、矿山尾矿库、城镇污水处理厂等涉磷行业实行最严格的环境执法措施，严肃查处环境违法行为。

5. 建立健全运行监管和绩效评估体系，规范城镇污水处理管理工作，明确地方政府及其主管部门责任，保障城镇污水处理工作有序进行。加快出台小城镇污水处理工程建设标准，加强对小城镇污水处理工程项目投资和建设的管理，提高小城镇污水处理工程项目决策和建设的科学管理水平；在污水处理、管网、污泥处理处置、再生水利用等方面制定相应的设计规范、技术指南、建设规程和运行维护规范；加强标准规范实施情况的后续评估，形成动态修编、先进适用的技术标准体系；湖北省应研究完善市政公用事业特许经营管理办法，进一步明确资质许可、成本监审、招投标等方面的要求，根据实际运营管理情况，及时制定和完善省级市政公用事业特许经营管理办法。

基于以上分析，我们给出的表述是：加快建设城镇污水处理及再生利用设施，提升基本环境公共服务水平、促进主要污染物减排、稳步提升污水处理能力、加大配套管网建设力度。加强污水处理厂升级改造，加大城镇污水配套管网建设力度。全面提升污水处理能力。

第 23 条【生活措施】

【拟规条为】县级以上人民政府应倡导文明、节约、绿色、低碳的消费模式和生活习惯。推广绿色标识产品，鼓励使用低能耗产品和服务，逐步推行家居和工作碳消耗的可测量化。

【解释】关于生活措施，青海省、山西省和国家发展和改革委员会的初稿对此未作出规定，而中国社科院项目组的表述为：

【生活和工作要求】国家倡导绿色、低碳生活和工作方式，鼓励使用低能耗产品和服务，逐步推行家居和工作碳消耗的可测量化。

中国社科院项目组关于生活工作要求的规定具有以下特点：第一，国家对绿色、低碳生活和工作方式应予以倡导。第二，鼓励使用低能耗产品和服务是倡导绿色、低碳生活和工作方式的主要途径。第三，逐步推行家居和工作碳消耗的可测量化也是推进绿色、低碳生活和工作方式的重要手段。

我们的观点是：

第一，控制温室气体排放、减缓气候变化的重要措施需要公众以低碳生活的方式来响应。《巴黎协定》序言："申明必须……在各级开展教育、培训、宣传，公众参与和公众获得信息和合作，认识到……让各级参与的重要性。"目前对于气候变化问题，我国公众普遍认识不够，对于减缓人类活动对气候变化的消极影响的重要性也缺乏认识，也不具备相关的专业知识，减缓气候变化的措施还没有转化为公众的自觉行动。因此，应该发挥政府的推动机制，承担倡导绿色、低碳生活和工作方式的责任，提高公众意识，并促使这种意识转化为应对气候变化的实际行动。

第二，湖北省近年来在宣传应对气候变化的各项方针政策，加强应对气候变化教育、科普应对气候变化的相关知识，增强全社会的责任意识，促进公众参与应对气候变化行动方面取得了一定成果。积极探索低碳消费模式，在武汉、荆门建设以"出售低碳商品、废旧家电回收和二手商品寄售"为主要功能的低碳超市；低碳生活方面启动了"酷中国——全民低碳行动"湖北巡回展；低碳交通方面，建设"免费自行车服务网络"；等等。可以说，湖北省在引导公众参与应对气候变化方面，结合自身实际，已经形成了自己的特点。其内容主要是分为消费模式和生活方式两大方面，即倡导文明、节约、绿色、低碳的消费模式和生活习惯。因此，在减缓气候变化的生活和工作要求方面，应立足现有基础，继续倡导文明、节约、绿色、低碳的消费模式和生活习惯。

第三，公众在生活和消费方面，应对气候变化主要采取的措施就是节约能源、提高能源利用效率，从而减少自身活动对气候变化的消极影响。公众在现代生活和消费中需要大量使用耗能产品和服务，鼓励公众在生活和消费中使用低能耗产品和服务，是一项便于实施，而且又能达到明显节能效果的措施。因此，我们认为采用"鼓励使用低能耗产品和服务"的表述是恰当的。

第四，逐步推行家居和工作碳消耗的可测量化。欧盟等发达国家推进在家居和工作碳消耗的可测量化方面已经展开行动。欧盟在新的能源效率立法提案①中，希望将工业与消费者组织联合，为更多的信息、沟通创造条件；力争账单清晰并按期发给客户，以反映真正的成本。欧盟还将发布更详细的智能电网和智能电表的有关措施，为消费者提供必须的信息和服务来使其能源消费最优化；计算其能源情况，帮助消费者了解他在哪里消费了多少能源，也能够将这些信息分解到每个具体的房间或机器、设备。这些措施将有利于公众了解能源消费、碳消耗信息，增强公众控制排放的意识，从而

---

① A new directive on energy efficiency-challenges addressed and solution proposed, available at http://ec.europa.eu/energy/efficiency/eed/doc/2011_directive/20110622_energy_efficiency_directive_slides_presentation_en.pdf.

推动减少生活碳源。因此，本办法将逐步推行家居和工作碳消耗的可测量化列为生活措施的内容。

基于以上分析，我们给出的表述是：县级以上人民政府应倡导文明、节约、绿色、低碳的消费模式和生活习惯。推广绿色标识产品，鼓励使用低能耗产品和服务，逐步推行家居和工作碳消耗的可测量化。

第 24 条 【森林碳汇】

【拟规条为】鼓励和支持林业建设，加强天然林保护、退耕还林和植树造林力度，提高森林生产力，改造低产低效林，提高森林生产率和蓄积量。要实施林业增汇的重点工程，推进华中林业生态屏障、三峡库区和丹江口库区森林生态、沿江防护林、碳汇林业示范等重点工程建设，增加森林碳汇。

【解释】关于森林碳汇，国内已有的三份气候变化立法对此的表述分别为：

青海省：推进农牧业结构和种植结构调整，加强农业、牧业、林业基础设施建设，全面实施退耕还林、退牧还草、植树造林工程，坚持以草定畜、控制草原载畜量，扩大森林覆盖率，发展碳汇林业，遏制生态环境退化，增强农田、草原和森林的碳汇功能。

山西省：继续深入推进造林绿化工程，不断提高森林覆盖率。全面实施十大林业生态建设工程、五大林业产业开发工程和六大森林资源保护工程，加快推进晋北晋西北防风固沙、太行山土石山区水源涵养、吕梁山黄土高原水土保持和平川盆地防护经济林等四大生态屏障建设，积极推进煤矿采空区植被恢复工程，全面提升森林生态功能等级，增加林木蓄积量和森林碳贮存，增加陆地碳汇贮存和吸收汇。

中国社科院项目组：【林业和草原措施】国家鼓励和支持植树造林、封山育林，实施林业重点工程建设，加强林业经营及可持续管理，提高森林蓄积量，增强碳汇储备。国家在草原牧区实行草畜平衡和禁牧、休牧、划区轮牧等草原保护制度，控制草原载畜量，遏止草原退化；扩大退牧还草工程实施范围，加强人工饲草地和灌溉草场的建设；加强草原灾害防治，提高草原覆盖率，增加草原碳汇。国家逐步扩大自然保护区、风景名胜区、森林公园、生态公益林和湿地面积，实施严格保护的政策。

国家发展和改革委员会的初稿：第13条【减缓气候变化的总体要求】国家采取优化产业结构和能源结构、节约能源和提高能效、增加碳汇、控制非能源活动温室气体排放等多种手段，有效控制温室气体排放，促进低碳发展。

第14条【增加碳汇】国家鼓励通过开展造林绿化、加强森林抚育和经营、增加草原植被、加大湿地保护和恢复加强农田林网建设等多种措施和行动，增加森林、草地、湿地、农田等生态系统碳汇能力。

国家发展和改革委员会的初稿将增加碳汇列入"减缓气候变化的总体要求"中，把开展造林绿化、加强森林抚育和经营、增加森林生态系统碳汇能力作为"增加碳汇"这一条款的一部分，没有单列一个条款。而青海省、山西省和中国社科院项目组三者的共同点在于：第一，支持植树造林。第二，实施林业重点工程。第三，增加林木蓄积量和增强碳汇储备。

青海省、山西省和中国社科院项目组三者的不同点在于：第一，青海省将增加碳汇作为适应气候变化的的措施来加以规定，山西省和中国社科院项目组是将增加碳汇作为减缓气候变化的措施来规定的。第二，由于立法的层面不同，山西省针对本省情况，仅对林业建设和增加森林碳汇作出规定；青海省则将农业、木业、林业增汇归纳为一条加以规定。中国社科院项目组的用一个条文兼顾林业、草原以及湿地。第三，山西省对本省的具体林业重点工程、生态建设项目作出了规定。青海省的规定从对农业、林业、草原的主要措施提出增加碳汇功能的总体要求。中国社科院项目组则比较有概括性，并将"逐步扩大自然保护区、风景名胜区、森林公园、生态公益林和湿地面积"，也列入措施当中。

我们的观点是：

第一，科学减缓人类对气候变化造成的消极影响的基本办法可以分为两种：一是有效控制温室气体的排放；二是增加碳汇。这是与适应气候变化不同的两类应对气候变化的措施。《巴黎协定》序言也提出"必须酌情养护和加强《公约》所述的温室气体的汇和库"。因此，我们赞同山西省、中国社科院项目组和国家发展和改革委员会的初稿将增加碳汇纳入减缓气候变化部分的做法，不采用青海省将其列为适应气候变化措施的观点。

第二，陆地生态系统碳储量是大气碳库的3倍，其存在及变化在全球碳循环和大气二氧化碳浓度变化中起着非常重要的作用，因而是全球气候变化研究中的重要问题。从地理特征来分析，湖北省基本上没有草原，而森林、农田和湿地是湖北加强碳汇能力的主要方面。同时，湖北大中城市的绿地体系发展也非常迅速，因此，城市绿地建设也是不可忽视的增加碳汇的重要内容。故湖北省的碳汇能力建设应包括森林、农田、湿地、城市绿地等内容。而且，碳汇能力建设应该是一个体系建设，因地制宜从林业、湿地、城市绿地四方面共同推进，才能大力增加碳汇，减缓人类活动对气候变化的消极影响。根据湖北省的地理特征和发展现状，将以上四方面结合起来，建立碳汇体系，更符合湖北省碳汇能力建设的实际。

第三，由于森林、农田、湿地、城市绿地各自具有自身的自然属性和特点，增汇的方式和采取的具体措施各异，湖北省减缓气候变化的增加碳汇措施应分为上述四个方面，并以四个条文分别加以规定，既符合各种措施的增汇特点，也能更为准确地表明对四种方式的不同要求。而且，从目前国内应对气候变化的立法的情况来看，更加侧重控制温室气体排放，对增加碳汇方面的关注不够。我们认为通过将增加碳汇作为单独的部分加以规定，可以表明应将控制温室气体排放和增加碳汇作为同等重要的减缓气候变化的措施，不能偏废其中任何一方面。

第四，森林碳汇（forest carbon sinks）是指森林植物吸收大气中的二氧化碳并将其固定在植被或土壤中，从而减少该气体在大气中的浓度。森林是陆地生态系统中最大的碳库，在降低大气中温室气体浓度、减缓全球气候变暖中，具有十分重要的独特作用。通过采取有力措施，如造林、恢复被毁生态系统、建立农林复合系统、加强森林可持续管理等，可以增强陆地碳吸收量。扩大森林覆盖面积是未来 30~50 年经济可行、成本较低的重要减缓措施，是目前世界上最为经济的"碳吸收"手段。许多国家和国际组织都在积极利用森林碳汇应对气候变化。1997 年通过的《京都议定书》承认森林碳汇对减缓气候变暖的贡献，并要求加强森林可持续经营和植被恢复及保护，允许发达国家通过向发展中国家提供资金和技术，开展造林、再造林碳汇项目，将项目产生的碳汇额度用于抵消其国内的减排指标。

第五，中国将增加森林碳汇作为应对气候变化的主要措施之一。《中国应对气候变化国家方案》中提出的主要林业措施，包括"加强法律法规的制定和实施"、"改革和完善现有产业政策"、"抓好林业重点生态工程建设"三个方面，目标是增加森林资源和林业碳汇。对于林业重点生态工程方面，该方案提出"继续推进天然林资源保护、退耕还林还草、京津风沙源治理、防护林体系、野生动植物及自然保护区建设等林业重点生态建设工程，抓好生物质能源林基地建设，通过有效实施上述重点工程，进一步保护现有森林碳贮存，增加陆地碳贮存和吸收汇"。总体上来说，中国已将发展碳汇林业作为应对气候变化的重要措施，以生态建设为主线，优化林业规划布局，增加陆地生态系统碳吸收造林、林地恢复、采伐管理、监测森林碳汇及其变化等措施，以有效增加碳汇。

第六，湖北省应将增加森林碳汇作为减缓气候变化的一项主要措施。目前湖北省在碳汇能力建设上已经取得一定成效，2012 年森林覆盖率达到 38.46%，活林木总蓄积量 31324.69 万立方米，森林植被碳汇量达到 1.4 亿吨，相当于固定二氧化碳 5.2 亿吨。① 在此基础上，湖北省需要从两个方面着手，进一步增加森林碳汇。一方面，从整体上应加强天然林保护、退耕还林和植树造林力度，提高森林生产力，改造低产低效林，提高森林生产率和蓄积量，"十

---

① 参见湖北省发展和改革委员会：《积极应对气候变化　推进生态文明建设——湖北近五年应对气候变化工作的主要情况及下一步工作打算》，第 1 页。

二五"期间,将湖北省的森林覆盖率提高到41.2%,森林蓄积量增加0.43亿立方米;另一方面要实施林业增汇的重点工程,即实施华中林业生态屏障、三峡库区和丹江口库区森林生态、沿江防护林、碳汇林业示范等重点工程建设,从而增加陆地碳汇贮存和吸收汇。

基于以上分析,我们给出的表述是:鼓励和支持林业建设,加强天然林保护、退耕还林和植树造林力度,提高森林生产力,改造低产低效林,提高森林生产率和蓄积量。要实施林业增汇的重点工程,推进华中林业生态屏障、三峡库区和丹江口库区森林生态、沿江防护林、碳汇林业示范等重点工程建设,增加森林碳汇。

第 25 条 【农田碳汇】

【拟规条为】加强农田保育,提升土壤有机碳含量。实施沃土工程,推广秸秆还田、增施有机肥、精准耕作技术和少耕、免耕等保护性耕作措施,增加农田碳汇。

【解释】关于农田碳汇,国内已有的四份气候变化立法对此的表述分别为:

青海省:推进农牧业结构和种植结构调整,加强农业、牧业、林业基础设施建设,全面实施退耕还林、退牧还草、植树造林工程,坚持以草定畜、控制草原载畜量,扩大森林覆盖率,发展碳汇林业,遏制生态环境退化,增强农田、草原和森林的碳汇功能。

山西省:加强生态农业建设,推广科学合理使用化肥、农药技术,大力加强耕地质量建设,推广秸秆还田和少耕免耕技术,减少农田氧化亚氮排放,增加农田土壤碳贮存。研究开发优良反刍动物品种技术、规模化饲养管理技术,加强对动物粪便、废水和固体废弃物的管理,加大沼气利用,降低畜产品的甲烷排放强度。

中国社科院项目组:【农业措施】国家采取措施加强农业和畜牧业生产方式转变,减少农田种植和畜禽养殖中的温室气体排放,加大生物质能开发和利用,加快农村沼气建设,增加农田和草地碳汇。

国家发展和改革委员会的初稿：【增加碳汇】国家鼓励通过开展造林绿化、加强森林抚育和经营、增加草原植被、加大湿地保护和恢复加强农田林网建设等多种措施和行动，增加森林、草地、湿地、农田等生态系统碳汇能力。

四者的共同点在于都规定了在减缓气候变化方面应采取的农业方面的措施。而青海省、山西省和中国社科院项目组均提出了保护农田、增加农田碳汇的具体方法。国家发展和改革委员会的初稿则将恢复加强农田林网建设、增加农田生态系统碳汇能力作为"增加碳汇"这一条款的一部分，没有单列一个条款。

青海省、山西省和中国社科院项目组三者的不同点在于：第一，青海省在一个条文中规定增强农田、草原、森林碳汇功能，用另一个条文来规定减少农业排放的措施。山西省和中国社科院项目组则是在同一个条文中既规定农业减排措施，又规定增加土壤碳汇的措施。第二，中国社科院项目组的规定较为笼统，山西省和青海省的规定则结合了地方农业的特点，提出的措施更为具体。

我们的观点是：

第一，控制农业温室气体的排放与增加农田碳汇是两种减缓气候变化的措施，两者对减缓气候变化产生的作用机制是不同的。我们认为，青海省将两者分开，以不同的条文加以规定，更符合两类措施的不同性质。因此，我们不采用山西省和中国社科院项目组将农业减排与增汇合并进一个条文的方式，而是在"控制温室气体排放措施"和"增加碳汇措施"中分别用不同的条文加以表述。

第二，农田碳汇应以单独的条文加以规定，不应与其他增汇措施合并。农田碳汇是指农田从大气中吸收并储存二氧化碳的过程、活动和机制。它由作物碳汇和土壤碳汇两部分组成。农作物通过光合作用形成净初级生产力，并将其中一部分（作物残茬、秸秆和根等）输入到土壤中，经过分解、累积，形成土壤有机碳而储存在土壤中。农田与森林、草原、湿地并称为地球陆地四大生态系统。农田碳汇是陆地生态系统碳汇的重要组成部分。农田生态系统中的碳库不仅是全球碳库的一个重要组成部分，而且是其中最活跃的部分之一，在人类耕种、施肥、灌溉等管理活动的频繁干预下，农田土壤中的有机碳的质和量不断地发生变化。这种变化不仅改变了土壤肥力及作物产量，而且对区域及全球环境带来很大影响。最近的研究表明，中国农田土壤具有明显的碳汇功能，其储碳量为20%~22%，可大量吸收空气中的 CO_2，把它转变成有机碳储存在系统中，在应对全球气候变化中具有重要的作用。

第三，农田增汇有多种方式，应根据湖北省的特点突出适合本省省情的措施。经过长期耕种的农田，其碳汇变化很大程度上受轮作、耕作、施肥、秸秆还田等农事活动的影响。通过改进和优化管理措施，采用保护性耕作措施、扩大水田种植面积、增加秸秆还田、增加有机肥适用和采用轮作，可以稳定甚至增加土壤碳储量。湖北省是农业大省，有农用地 1465.18 公顷，占辖区面积的78.82%。[①] 在这样的自然条件基础上，加强农田保育，实施沃土工程、推广秸秆还田、增施有机肥、精准耕作技术和少免耕等都能增加农田碳汇，是现实可行的减缓人类活动对气候变化消极影响的措施。因此，应将平衡施肥、合理种植、增加秸秆还田、少耕、免耕等作为提高农业生态系统碳汇的合理的增汇措施。

基于以上分析，我们给出的表述是：加强农田保育，提升土壤有机碳含量。实施沃土工程，推广秸秆还田、增施有机肥、精准耕作技术和少耕、免耕等保护性耕作措施，增加农田碳汇。

第 26 条 【湿地碳汇】

【拟规条为】 加快湿地生态系统的恢复、保护和建设，实施湿地公园、湿地自然保护区建设和重要江河水系、湖泊湿地恢复等工程，完善湿地保护管理体系，提高生态系统的固碳能力。重点建设神农架、星斗山、石首麋鹿、后河等国家级自然保护区，九峰山、玉泉寺等国家森林公园，龙感湖等国家湿地自然保护区。继续推进洪湖、梁子湖、神农架大九湖等重点湿地、亚高山湿地恢复与保护

---

① 参见湖北省宏观经济研究所：《湖北省应对气候变化规划建议文本（初稿）》，第 3 页。

等重点工程建设。

【解释】关于湿地碳汇，青海省、山西省均未作出规定，另外两份气候变化立法对此的表述分别为：

中国社科院项目组：【林业和草原措施】国家鼓励和支持植树造林、封山育林，实施林业重点工程建设，加强林业经营及可持续管理，提高森林蓄积量，增强碳汇储备。国家在草原牧区实行草畜平衡和禁牧、休牧、划区轮牧等草原保护制度，控制草原载畜量，遏止草原退化；扩大退牧还草工程实施范围，加强人工饲草地和灌溉草场的建设；加强草原灾害防治，提高草原覆盖率，增加草原碳汇。国家逐步扩大自然保护区、风景名胜区、森林公园、生态公益林和湿地面积，实施严格保护的政策。

国家发展和改革委员会的初稿：【增加碳汇】国家鼓励通过开展造林绿化、加强森林抚育和经营、增加草原植被、加大湿地保护和恢复加强农田林网建设等多种措施和行动，增加森林、草地、湿地、农田等生态系统碳汇能力。

青海省、山西省未对湿地碳汇的措施作出规定，中国社科院项目组有关条文的特点在于：第一，将湿地纳入增汇措施中。第二，以林业和草原措施为主，对于湿地，只提及"国家逐步扩大自然保护区、风景名胜区、森林公园、生态公益林和湿地面积，实施严格保护的政策"。国家发展和改革委员会的初稿只是在"增加碳汇"这一条中简单将加大湿地保护、增加湿地生态系统碳汇能力列入。

我们的观点是：

第一，保护湿地是增加碳汇、应对气候变化的重要措施。湿地是水陆相互作用形成的独特生态系统。由于在保持水源、抵御洪水、控制污染、调节气候、维护生物多样性等方面具有重要作用，湿地被誉为"地球之肾"，与森林、海洋并称全球三大生态系统。湿地是一种比较活跃的生态系统类型，它与陆地、大气圈、水圈作用的绝大部分生物地球化学通量有关。湿地中有机质的不完全分解导致湿地中碳和营养物质的积累，湿地植物从大气中获取大量的CO_2，又通过分解和呼吸作用以CO_2和CH_4的形式排放到大气中，湿地碳循环过程受气候条件及人类活动的影响。湿地的一个典型特征是植被同化吸收的 CO_2-c 远远超过其分解过程中释放的 CO_2-c 或 CH_4-c，从而形成大量有机碳的积累，在陆地及全球碳循环中起着重要作用，而且与全球气候变化有着直接而紧密的联系。湿地碳循环不仅在全球碳循环中具有极其重要的地位，而且对全球气候变化表现出较高的敏感性。[1] 泥炭沼泽湿地所积累的碳对抑制大气中 CO_2 上升和全球变暖具有重要意义。据估算，全球沼泽湿地以每年 1 mm 堆积速率计算，一年中将有 3.7 亿吨碳在沼泽地中积累。以我国泥炭沼泽湿地中泥炭的积累速率为 0.32 mm/ 年，一年中可为我国堆积约 58.47 万吨泥炭，折合 20 万吨有机碳的储量。由此可见，泥炭沼泽湿地是陆地生态系统中碳积累速率最快的生态系统之一，其吸收碳的能力要远远超过森林。

第二，湿地也是温室气体的重要释放源，不加以保护，会增加温室气体的排放。湿地中有机残体的分解过程产生 CO_2 和 CH_4。全球天然湿地每年释放的 CH_4 约为 10 亿~20 亿吨，全球水稻田每年甲烷的释放量约为 2 亿~15 亿吨，分别占全球 CH_4 总释放量的 22% 和 11%。如果湿地被疏干排水或者温度升高、降雨减少，会导致湿地土壤水分减少，由嫌气环境变成好气环境，土壤中微生物活力增强，加速了泥炭或草根层的分解，增加了向大气 CO_2 的净释放量。如果泥炭被开采并作为燃料燃烧，将迅速地把泥炭中积累的大量碳氧化，使几千或上万年来由大气中 CO_2 形成的有机物质重新以 CO_2 形式返回到大气中，这时泥炭沼泽湿地就变成了碳"源"。据实测，三江平原泥炭沼泽湿地开垦后，有机质含量平均下降 39.5%，有机碳量总共减少 471 万吨，现有的泥炭库中有机碳比 20 世纪 80 年代减少了 35% 左右[2]。

---

[1] 参见董恒宇、云锦凤、王国钟主编：《碳汇概要》，科学出版社 2012 年版，第 207 页。

[2] 参见湿地百科课题组：《湿地的生态服务功能之：碳汇和碳源》，湿地中国网 http://www.shidi.org/sf_0387FAE1BEAE428599C3E30872405133_151_principle.html。

　　第三，湖北洪湖湿地被列入《国际重要湿地名录》，中国应履行公约义务。《关于特别是作为水禽栖息地的国际重要湿地公约》（Convention on Wetlands of International Importance Especially as Waterfowl Habitat）简称《湿地公约》或《拉姆萨尔公约》（The Ramsar Convention）是政府间进行湿地保护和管理的一个协定，为湿地的国际合作提供框架。其宗旨是通过成员国之间的合作加强对世界湿地资源的保护和合理利用，以实现生态系统的持续发展。该公约将湿地定义为："为本公约之目的，湿地是指，不问其为天然或人工、长久或暂时的沼泽地、泥炭地或水域地带，带有静止或流动的淡水、半咸水或咸水水体，包括低潮时水深不超过6米的水域。"① 该公约目前共有160个缔约方。中国于1992年加入《湿地公约》，并于当年通过申请将首批7个湿地保护区列入《国际重要湿地名录》。国家林业局专门成立履约办公室。到2012年，我国已有41块湿地被列入《国际重要湿地名录》，湖北洪湖湿地是第四批被列入名录的国际重要湿地。

　　第四，湖北省湿地保护具有自身特点。从湖北省湿地所处位置及特征来看，结合《湿地公约》的要求，应以龙感湖、洪湖、陆水湖湿地公园、三峡库区、长江干流为重点，来加强湿地自然保护区、湿地公园等保护体系建设。对于自然保护区方面，则应以神农架、星斗山、石首麋鹿、后河等国家级自然保护区，九峰山、玉泉寺等国家森林公园，龙感湖等国家湿地自然保护区作为重点建设对象。总体上要推进重要湿地恢复与保护工程，抓好湖泊生态湿地、神农架大九湖亚高山湿地恢复与保护等重点工程建设②。到2015年，全省省级以上湿地自然保护区达到20个，完成湿地恢复工程16.3万公顷。③

---

　　①　参见联合国教科文组织湿地公约网址 http://portal. unesco. org/en/ev. php-URL_ID＝15398&URL_DO＝DO_TOPIC&URL_SECTION＝201. html.

　　②　参见湖北省人民政府：《湖北省"十二五"控制温室气体排放工作实施方案》。

　　③　参见湖北省人民政府：《湖北省低碳发展规划（2011—2015）》。

基于以上分析，我们给出的表述是：加快湿地生态系统的恢复、保护和建设，实施湿地公园、湿地自然保护区建设和重要江河水系、湖泊湿地恢复等工程，完善湿地保护管理体系，提高生态系统的固碳能力。重点建设神农架、星斗山、石首麋鹿、后河等国家级自然保护区，九峰山、玉泉寺等国家森林公园，龙感湖等国家湿地自然保护区。继续推进洪湖、梁子湖、神农架大九湖等重点湿地、亚高山湿地恢复与保护等重点工程建设。

第27条【城市绿地碳汇】

【拟规条为】构建城市园林绿地系统，合理布局城市各类公园。因地制宜建设街头绿地和街头小游园，加强行道树种植，丰富绿化空间景观，形成结构完善的公共绿地体系。利用城市防护绿地体系与生产绿地，增加城市绿地碳汇。

【解释】关于城市绿地碳汇，国内已有的四份气候变化立法均未作出规定。

我们的观点是：

第一，城市绿地是在城镇化进程中，越来越重要的碳汇来源。草地植物吸收大气中的二氧化碳并将其固定在植被或土壤中，从而减少其在大气中的浓度[1]。城市绿地在现代大、中型城市中的固碳潜力不容忽视。草地是陆地生态系统中一个十分活跃的碳汇，草地生态系统对于没有森林、湿地、农田的城市来说，其改善生态环境、增加碳贮存量具有非常重要的意义。因此，在我国推进城镇化的进程中，有必要将城市绿地列为一项增汇措施，来减缓人类对气候变化的消极影响。

第二，湖北省进入工业化、城镇化加速期，对城市绿地碳汇建设将有更大需求。湖北省有12个省辖市、1个自治州；有38个市辖区、24个县级市（其中3个省直管市）、10个县、1个林区。

---

① 参见董恒宇、云锦凤、王国钟主编：《碳汇概要》，科学出版社2012年版，第144页。

2010 年城镇人口 2846. 13 万人，占总人口的 49. 7%。① 在国家推进城镇化的大趋势下，湖北省的城镇化也将进入加速期。这给城市的发展带来机遇，同时也带来了生态环境方面的挑战。在这样的背景下，构建城市园林绿地系统，对于增加碳汇，改善城市生态，减缓气候变化的作用将更加突出。

第三，湖北省已经采取政策措施，推进城市绿地的增汇。随着湖北大、中型城市的迅速发展，已经对城市绿地增汇功能逐步认识，湖北省已经将城市绿地建设纳入到减缓气候变化的政策体系中，在《湖北省低碳发展规划（2011—2015）》将城市碳汇体系建设与森林碳汇、湿地碳汇并列为"加强碳汇建设，提高固碳减碳能力"的措施。而在实践中，对于构建城市园林绿地系统，湖北省的大、中型城市均布局了各类公园，并且建设了各种形式的街头绿地和街头小游园，加强行道树种植，丰富绿化空间景观。利用城市防护绿地体系与生产绿地，增加城市绿地碳汇。因此，本建议稿对城市绿地碳汇作出规定，一方面是充分考虑城市绿地本身的增汇能力，另一方面也是与湖北省当前所实施的减缓气候变化政策保持延续性、一致性。

基于以上分析，我们给出的表述是：构建城市园林绿地系统，合理布局城市各类公园。因地制宜建设街头绿地和街头小游园，加强行道树种植，丰富绿化空间景观，形成结构完善的公共绿地体系。利用城市防护绿地体系与生产绿地，增加城市绿地碳汇。

---

① 参见湖北省宏观经济研究所：《湖北省应对气候变化规划建议文本（初稿）》，第 4 页。

第三章　应对气候变化的适应措施

一、概　　述

适应气候变化是应对气候变化的重要措施。2015 年 12 月《巴黎协定》第 7 条明确指出，适应气候变化"是所有地方、次国家、国家、区域和国际层面面临的全球挑战，适应是为保护人民、生计和生态系统而采取的气候变化长期全球应对措施，是对气候变化不利影响特别脆弱的发展中国家紧迫的需要"，"当前的适应需要很大"，并明确适应与减缓的关系，即"提高减缓水平能减少对额外适应努力的需要，增大适应需要可能会增加适应成本"①。该条还提出了：第一，全球适应目标为：提高适应能力、加强抗御力和减少应对气候变化的脆弱性，以促进可持续发展，并确保在第二条所述气温目标方面采取适当的适应对策。第二，适应的方法、遵循的原则：遵循国家驱动、注重性别问题、参与型和充分透明的方法，考虑脆弱群体、社区和生态系统，遵循最佳科学，适当的传统知识、土著人民的知识和地方知识系统，以期将适应酌情纳入相关的社会经济和环境政策以及行动中。第三，加强合作，承认发展中国家的适应努力，考虑发展中国家的需要，特别是对气候变化不利影响特别脆弱的发展中国家的需要。提出适应行动方面的合作包括：交流信息、良好做法、获得的经验和教训，酌情包括与适应行动方

---

① 《巴黎协定》第 4 条第 7 款则也有类似规定："从缔约方的适应行动和/或经济多样化计划中获得的减缓共同收益，能促进本条下的减缓成果。"

面的科学、规划、政策和执行等相关的信息、良好做法、获得的经验和教训等。第四,加强体制安排,如技术支助和指导制度①、适应信息通报制度、适应的适足性和有效性评审制度等,提出"使资金流动符合温室气体低排放和气候适应型发展的路径"②,"提高适应气候变化不利影响的能力并以不威胁粮食生产的方式,增强气候抗御力和温室气体低排放发展"。

2016年3月通过的我国《国民经济和社会发展第十三个五年规划纲要》(以下简称《十三五纲要》)明确"坚持绿色发展理念",气候适应型发展。"在城乡规划、基础设施建设、生产力布局等经济社会活动中充分考虑气候变化因素,适时制定和调整相关技术规范标准,实施适应气候变化行动计划。加强气候变化系统观测和科学研究,健全预测预警体系,提高应对极端天气和气候事件能力。主动适应气候变化,提高适应气候变化不利影响的能力并以不威胁粮食生产的方式增强气候抗御力和温室气体低排放发展。"

根据国家发展和改革委员会的初稿第38条第3款的界定,适应气候变化是指采取积极主动的适应行动,通过加强管理和调整人类活动,充分利用有利因素,减轻气候变化对自然生态系统和社会经济系统的不利影响。

---

① 《巴黎协定》第10条第1款也有相关规定:缔约方共有一个长期愿景,即必须充分落实技术开发和转让,以改善对气候变化的抗御力和减少温室气体排放;第18条第1款规定:"设立附属科学技术咨询机构和附属履行机构。"

② 《巴黎协定》第2条第1款(c)项的规定。《巴黎协定》其他条款也有相关规定,如第9条第4款规定:提供规模更大的资金资源,应旨在实现适应与减缓之间的平衡,同时考虑国家驱动战略以及发展中国家缔约方的优先事项和需要,尤其是那些对气候变化不利影响特别脆弱和受到严重的能力限制的发展中国家缔约方,如最不发达国家,小岛屿发展中国家的优先事项和需要,同时也考虑为适应提供公共资源和基于赠款的资源的需要。第10条第6款也规定:应向发展中国家缔约方提供支助,包括提供资金支助,以执行本条,包括在技术周期不同阶段的技术开发和转让方面加强合作行动,从而在支助减缓和适应之间实现平衡。第14条提及的全球总结应考虑为发展中国家缔约方的技术开发和转让提供支助方面的现有信息。

综上所述，从国内外的立法情况来看，我国的气候变化适应措施应主要包括总体措施和具体措施两个部分，后者包括：农业措施、林业措施、水资源措施、生态领域措施、建筑措施、生活措施、旅游措施、监测预警、救灾应急以及通报和协作等。本章拟从总体措施和具体措施两个方面规定应对气候变化的适应措施。

二、具 体 释 义

第 28 条【总体要求】

【拟规条为】各级人民政府应采取有效措施和行动，提高适应气候变化的能力和水平；积极开展气候变化影响评估及气候可行性论证，将气候变化风险管理纳入防灾减灾体系。

【解释】对于适应气候变化方面的总体要求，国内已有的四份气候变化立法对此的表述分别为：

青海省：第 13 条　积极开展气候可行性论证，规避气候变化带来的气候风险，对重大基础设施、大型工程建设、区域性经济开发、区域农牧业结构调整、大型太阳能、风能等气候资源开发利用建设项目进行气候可行性论证。气候可行性论证的具体内容、程序，按照国务院气象主管机构的规定执行。

山西省：第 38 条　积极开展应对气候变化可行性论证，规避气候变化带来的气候风险，对重大基础设施、大型工程建设、区域性经济开发、区域农牧业结构调整、大型太阳能、风能等气候资源开发利用建设项目进行气候变化影响评估及气候可行性论证。

中国社科院项目组：第 49 条【总体要求】国家建立气候变化影响的分析研判机制，开展气候变化对国家粮食安全、水资源安全、生态安全、人体健康安全等方面的影响评估工作，采取适当措施，增强适应气候变化能力，保持经济和社会发展的持续性。

国家发展和改革委员会的初稿：第 14 条【适应气候变化的总体要求】国家采取有效措施和行动，提高适应气候变化的能力和水平。在产业布局、基础设施、重大项目规划和建设中，充分考虑适应气候变化的需要，预防和减少气候变化的不利影响。县级以上地方人民政府应当结合本地实际，采取有针对性的适应气候变化措施，减轻气候变化对本地区经济社会发展和人民生活水平的不利影响，提高本地区适应气候变化的能力和水平。环保、城乡建设、交通运输、水利、农业、卫生、林业、气象、海洋等行业主管部门，应当采取有效措施提高本行业适应气候变化的能力和水平。

第 23 条【气候变化影响评估制度】国务院应对气候变化主管部门应当会同国务院有关部门定期评估气候变化对经济、社会发展和生态环境的影响。

第 24 条【预测预警制度】县级以上人民政府应当按照相关国家标准、行业标准和技术规范建立和完善气候观测系统和气候灾害监测、预测和预警系统，将气候变化风险管理纳入防灾减灾体系。

其中，四者的共同点在于：第一，均规定了气候变化评估制度；第二，均规定了在各个具体领域适用的总体要求。

四者的不同点在于：

第一，上述四条在各立法中的位置不同。首先，国家发展和改革委员会的初稿第三章"减缓和适应气候变化"将减缓和适应气候变化统一放在一章进行规定，体现了二者之间的关联性。其他 3 部立法均就适应气候变化专门设立一章，更强调适应气候变化措施的特殊性。其次，中国社科院项目组在"适应气候变化"章的首条确定适应气候变化的总体要求，而青海省和山西省立法均将此类规定置于相应部分的最后。

第二，就内容来看，青海省和山西省仅规定了进行气候变化可行性论证，而中国社科院项目组和国家发展和改革委员会的初稿除了规定进行影响评估之外，还强调提高适应气候变化的能力。

第三，就气候可行性论证而言，青海省规定"积极开展气候可行性论证"，山西省规定"积极开展应对气候变化可行性论证"。前者规定含义较广，可理解为既包括"应对气候变化可行性论证"，也包括"气候学"上的其他方面论证。而山西省规定主要是应对措施的可行性论证，后者更具有针对性。

第四，山西省规定了进行气候变化影响评估，青海省则未涉及。中国社科院项目组规定开展影响评估，并指出了需进行评估的具体领域，如对国家粮食安全、水资源安全、生态安全、人体健康安全等方面。国家发展和改革委员会的初稿专设一条规定气候变化影响评估制度（第23条），强调气候变化对经济、社会发展和生态环境的影响，并规定要定期评估。

第五，国家发展和改革委员会的初稿和中国社科院项目组的规定，较为抽象，具有全国普遍适用性；而山西省和青海省的规定则结合地方实际，具有针对性。

我们的观点是：

第一，适应气候变化措施具有特殊性，其重要性日益凸显。《巴黎协定》和我国《十三五纲要》均强调适应气候变化，我国《十三五纲要》还提出应主动适用气候变化，进行适应型发展。因此，有必要将气候变化适应措施作为独立一章设立。因为总体要求的纲领性和重要性，所以有必要在该章首条规定适应气候变化的总体要求。

第二，中国社科院项目组和国家发展和改革委员会的初稿规定具有普遍适用性，内容较为全面，均包括进行气候变化影响评估和提高适应气候变化的能力和水平两个方面。《巴黎协定》第七条明确规定，提高适应能力、加强抗御力和减少对气候变化的脆弱性，促进可持续发展为全球适应气候变化目标。《十三五纲要》也规定，我国应主动适应气候变化，提高适应气候变化不利影响的能力。因此，在应对气候变化适应措施的总体要求上，有必要进行此方面的规定。

第三，我国《十三五纲要》的规定可为我们提供立法参考。其规定"在城乡规划、基础设施建设、生产力布局等经济社会活动中充分考虑气候变化因素，适时制定和调整相关技术规范标准，实施适应气候变化行动计划。加强气候变化系统观测和科学研究，健全预测预警体系，提高应对极端天气和气候事件能力"。

基于以上分析，我们给出的表述是：各级人民政府应采取有效措施和行动，提高适应气候变化的能力和水平；积极开展气候变化影响评估及气候可行性论证，将气候变化风险管理纳入防灾减灾体系。

第 29 条【农业、渔业】

【拟规条为】加强农业基础设施建设和农田基本建设。调整种植与品种结构，优化农作物布局。大力开展渔业资源养护工程，修复渔业生态。

【解释】对于农业适应气候变化，国家发展和改革委员会的初稿未作出规定，青海省、山西省和中国社科院项目组分别表述为：

青海省：第 9 条 推进农牧业结构和种植结构调整，加强农业、牧业、林业基础设施建设，全面实施退耕还林、退牧还草、植树造林工程，坚持以草定畜、控制草原载畜量，扩大森林覆盖率，发展碳汇林业，遏制生态环境退化，增强农田、草原和森林的碳汇功能。

山西省：第 27 条 加强农业基础设施建设和农田基本建设。加快实施以节水改造为中心的大型灌区续建配套和小型农田水利建设，继续推进节水灌溉示范，积极发展节水旱作农业，加大中低产田治理力度，加快丘陵山区和干旱缺水地区雨水集蓄利用工程建设，提高农田抗旱标准，提高农业用水效率。

第 28 条 不断增强农业适应气候变化能力。要加强气候变化对我省农业的综合影响评估，组织开展精细化农业气候区划，根据自然条件、社会经济发展水平和气候变化特点，及时调整农业结构，优化农业区域布局，改进种植制度和耕作制度，在适宜区域发展多熟制，提高复种指数，增强农业固碳能力。

第 29 条 积极选育和推广产量潜力高、品质优良、综合抗性突出和适应性广的优良动植物新品种，提高农业抗旱、抗涝、抗高温、抗病虫害等适应气候变化的能力。

中国社科院项目组：国务院农业行政主管部门制定气候变化应对的农业措施，完善耕地保护制度和粮食预警制度，加强农业气象服务体系建设，建立健全防灾减灾预警系统。国家鼓励开发培育产量高、品质优良的抗旱、抗涝、抗高温、抗低温、抗病虫害等抗逆品种，扩大良种利用面积，加大农作物良种补贴力度，加快推进良种培育、繁殖、推广一体化进程。农业和渔业生产条件发生变化的地区，应科学合理地调整生产布局和结构，改良生产方式和品种，改善农业和渔业生产条件。国家加强农田和草原基础设施建设，推进农业结构调整，提高农业综合生产和抵御自然灾害的能力。国家扶持荒漠化地区和潜在荒漠化地区、沙化地区和潜在沙化地区以及其他受气候变化影响的地区开展专项治理，改造中低产田，改造作物品种，增强农田、草原的土壤肥力，提高生产力。国家扶持畜牧业地区开展与气候改变相关的家畜疾病防治工作，扶持农业地区有效减少病虫害的流行和杂草蔓延，降低生产成本，防止潜在荒漠化扩大趋势。

其中，三者的共同点在于：第一，都规定了调整农业结构，提高农业适应气候变化的能力；第二，都规定了加强基础设施建设；

不同点在于：第一，在规定的范围上，青海省突出牧业的重要地位，提出推进农牧业结构调整，加强农业、牧业、林业基础设施建设，提出退耕还林、退牧还草、植树造林、控制草原载畜量等措施，符合青海省省情；山西省则集中规定农业适用措施，提倡节水农业、精细化耕作制度等，这也是与山西省缺水、干旱和以农业为主等省情相适应的，在措施上强调农业中的节水改造、节水灌溉示范、加强节水旱作农业、重视雨水积蓄利用、提高农田抗旱标准以及提高农业用水效率等；中国社科院项目组的规定则更为宏观，主要针对国务院农业主管部门制定气候变化应对的农业措施，建立相关制度等，范围涉及农业、畜牧业、渔业等方面。

第二，山西省和中国社科院项目组均规定培育和选用新品种，增强抗旱、抗涝、抗高温、抗低温、抗病虫害等适应气候变化的能力，同时改良生产方式和农业生产条件等；青海省没有规定。

第三，山西省规定加强气候变化对农业的综合影响评估，中国社科院项目组提出加强农业服务体系建设，青海省则没有此类规定。

第四，山西省和青海省规定有发展碳汇农业或林业，中国社科院项目组没有此类规定。

第五，三者在具体的适应措施上有所区别。

我们的观点是：

第一，上述三份规定中，山西省和青海省各自根据省情规定了农业适应气候变化的措施，不符合湖北省情，但它们规定的范围可以借鉴，如调整农业结构，提高农业适应气候变化的能力，加强基础设施建设等。同时，山西省和中国社科院项目组规定的动植物新品种培养和选用，增强适应气候变化能力也是可以借鉴的。中国社科院项目组提出的加强农业气象服务体系建设，在后面的气象措施中会有所规定，在此可不重复规定。

我国《十三五纲要》第四篇"推进农业现代化"规定："建立粮食生产功能区和重要农产品生产保护区，确保稻谷、小麦等口粮种植面积基本稳定；提高粮食生产能力保障水平"；"确保农产品质量安全"；"加强农业科技自主创新，加快生物育种、农机装备、绿色增产等技术攻关，推广高产优质适宜机械化品种和区域性标准化高产高效栽培模式"[①]。

我国《应对气候变化的政策与行动2015年度报告》在适应气候变化方面，也提出了加快促进农业生产方式转变和现代化建设，推进保护性耕作，开展农田基本建设，加强土壤培肥改良，开展"到2020年农药使用零增长行动"和"到2020年化肥使用零增长行动"等措施，提倡推广节水灌溉、旱作农业、抗旱保墒、测土配方施肥和绿色防控等技术，加快农田水利建设等内容，可为湖北省制定相应措施提供指导和借鉴。

---

① 《湖北省关于制定全省国民经济和社会发展第十三个五年规划的建议》也规定："强化农产品主产区空间管控，科学布局农业发展，划定永久基本农田，立足区域资源和产业优势，确定不同区域农业发展重点"；"大力推进农业现代化。走产出高效、产品安全、资源节约、环境友好的现代农业发展道路，实现农业大省向农业强省的跨越"；"深入推进农业结构调整，加快构建粮经饲统筹、种养加一体、农林牧渔结合的现代农业产业体系，加快推进农业发展方式转变。"

第二，湖北省立法应结合湖北省情。[1] 湖北省位于我国中部偏南、长江中游，地处亚热带季风区内，大部分为亚热带季风性湿润气候，光能充足，热量丰富，无霜期长，降水充沛，雨热同季，日照时间长，大部分地区冬冷、夏热，极端最高气温可达40℃以上。湖北素有"千湖之省"之称，境内除长江、汉江干流外，省内各级河流河长5公里以上的有4228条，另有中小河流1193条，河流总长5.92万公里。长江从西向东，流贯省内26个县市。土地总面积1858.89万公顷，其中耕地389.99万公顷、园地59.87万公顷、林地586.04万公顷、牧草地7.58万公顷。全省鱼苗资源丰富，长江干流主要产卵场36处。农业生产为主，林牧渔业协调发展。[2]

由此可见，湖北省适应气候变化农业措施应强调：加强大中型灌区和粮食主产县的农田水利基础设施建设；加大灌区节水改造、小型农田水利建设，提高农业抗旱排涝能力；调整种植结构和优化作物布局，培育和选用抗旱、抗高温、抗涝和低温等高产优质的品种。

第三，湖北省发改委《积极应对气候变化，推进生态文明建设——湖北近五年应对气候变化工作的主要情况及下一步工作打算》也规定："大力推进生态农业建设，加强农田水利等农业基础建设，提升农业综合生产能力"；"实施农业面源污染防治工程"等措施。

基于以上分析，我们给出的表述是：加强农业基础设施建设和农田基本建设。调整种植与品种结构，优化农作物布局。大力开展渔业资源养护工程，修复渔业生态。

第30条【林业】

【拟规条为】 加强对长江中下游防护林等重点森林资源的保

---

[1]　参见杨泽伟：《"后京都时代"中国省级应对气候变化立法研究——以湖北省为例》，载《江苏大学学报》（社会科学版）2013年第5期，第24页。

[2]　http://baike.so.com/doc/322670-341779.html.

护，提高森林植被在气候适应和迁移过程中的竞争能力和适应能力。预防和治理水土流失和土地石漠化，促进自然生态的恢复。

【解释】对于林业适应气候变化，国家发展和改革委员会的初稿未作出规定，青海省、山西省和中国社科院项目组分别表述为：

青海省：推进农牧业结构和种植结构调整，加强农业、牧业、林业基础设施建设，全面实施退耕还林、退牧还草、植树造林工程，坚持以草定畜、控制草原载畜量，扩大森林覆盖率，发展碳汇林业，遏制生态环境退化，增强农田、草原和森林的碳汇功能。（第9条）

山西省：强化对森林资源和自然保护区、湿地等自然生态系统的有效保护，研究选育耐寒、耐旱、抗病虫害能力强的树种，提高森林植物在气候适应和迁移过程中的竞争能力和适应能力，不断增加森林覆盖率，提高生态系统的稳定性和安全性。（第30条）

加强森林防火，建立完善的森林火灾预测预报、监测、扑救、林火阻隔及火灾评估体系。加强森林病虫害控制，进一步建立健全森林病虫害监测预警、检疫御灾及防灾减灾体系，扩大生物防治。（第31条）

中国社科院项目组：地方各级人民政府应完善森林火灾和病虫害监测系统，预防森林火灾，防治森林病虫害，保护典型森林生态系统和国家重点野生动植物，预防和治理水土流失和土地荒漠化，促进自然生态的恢复。

国家实施林业和森林、湿地生态保护重点工程建设，建立重要生态功能区，支持在荒漠化、石漠化以及自然条件较差的地区开展植树造林和生态恢复工作，提高森林和湿地适应气候变化的能力。

其中，三者的共同点在于：

第一，三份立法都规定了植树造林，增加森林覆盖率；

第二，山西省和中国社科院项目组还共同规定了如下内容：一、建立生态、自然保护区，保护生态，提高适应气候变化能力；二、加强森林防火并建立相应监测系统；三、加强森林病虫害防治。

不同点在于：

第一，中国社科院项目组还规定其他立法没有的内容：保护野生动物、实施生态保护工程建设、预防和治理水土流失和土地荒漠化、强调在荒漠化、石漠化地区造林等。

第二，青海省没有专门规定，与农业规定在同一条文中，没有突出林业的重要性，山西省和中国社科院项目组作了特别规定。

第三，山西省规定了森林火灾采取的措施，比其他规定要全面。

我们的观点是：

第一，青海省的立法方式与规定过于简单，我们没有吸收。根据 2009 年湖北省森林资源连续清查第六次复查成果，湖北省林地面积 849.85 万公顷，占 45.72%。林业在湖北省占重要地位，需要单独规定。

第二，山西省的规定符合其省情，但是没有突出林业和森林、湿地生态保护重点工程建设，以及没有考虑建立重要生态功能区。湖北省立法时应考虑采用这些规定。

第三，中国社科院项目组规定的在荒漠化、石漠化以及自然条件较差的地区开展植树造林和生态恢复工作，符合湖北省情，湖北省立法亦应予以采用。

第四，山西省规定森林火灾应采取的措施，湖北省立法应予以规定。

第五，根据湖北省气候情况，湖北省在树种选择上，应首选考虑抗旱、抗高温、抗涝、抗低温等湖北省省情。

第六，野生动物保护在后面生物多样性中会予以规定，此处可以不作规定。

第七，湖北省木本植物种类繁多，森林资源丰富。全省的草本植物有 2500 种以上，其中被人们采制供作药材的有 500 种。林地586.04 万公顷。全省不仅树种较多，而且起源古老，迄今仍保存有不少珍贵、稀有孑遗植物。加强林业生态工程建设，提高林业防灾减灾和应急能力，加强防火管理以及林业有害生物治理很有必要性。湖北省发展改革委《积极应对气候变化，推进生态文明建设 ——湖北近五年应对气候变化工作的主要情况及下一步工作打算》提出："加强天然林保护、退耕还林和植树造林力度，积极推进以封山育林为重点的山区绿化，以农田水网为重点的平原绿化，以绿色通道为重点的沿路、沿河、沿湖绿化美化。实施华中林业生态屏障、三峡库区和丹江口库区森林生态、沿江防护林、绿色通道生态景观工程、碳汇林业示范等重点工程建设，增加陆地碳汇贮存和吸收汇。继续实施重要湿地恢复与保护工程。加快构建城市园林绿地系统，合理布局城市各级公园，形成公共绿地体系，利用城市防护绿地体系与生产绿地，建设碳汇体系。"我国《应对气候变化的政策与行动 2015 年度报告》也提出："加强森林综合治理"；"加强林业自然保护区建设和湿地保护。"我国《十三五纲要》第四十五章规定，开展大规模国土绿化行动，加强林业重点工程建设，完善天然林保护制度，全面停止天然林商业性采伐，保护培育森林生态系统；发挥国有林区林场在绿化国土中的带动作用；创新产权模式，引导社会资金投入植树造林；严禁移植天然大树进城；扩大退耕还林还草，保护治理草原生态系统，推进禁牧、休牧、轮牧和天然草原退牧还草。

基于以上分析，我们给出的表述是：加强对长江中下游防护林等重点森林资源的保护，提高森林植被在气候适应和迁移过程中的竞争能力和适应能力。预防和治理水土流失和土地石漠化，促进自然生态的恢复。

第 31 条【水资源】

【拟规条为】科学规划和合理配置、利用水资源。加强水利基础设施的规划和建设，严格执行国家取水许可、水资源有偿使用和节约用水管理制度。提高水资源系统气候变化应对的能力，基本建立山洪地质灾害监测预警系统和群测群防体系，增强全省山洪综合治理能力。

【解释】对于水资源适应气候变化，国家发展和改革委员会的初稿未作出规定，青海省、山西省和中国社科院项目组分别表述为：

青海省：县级以上人民政府应当制定水资源综合利用规划，合理开发和优化配置水资源，推进水土流失综合治理，严格执行国家取水许可、水资源有偿使用和节水用水管理制度，采取防治水污染的对策和措施，有效保护和利用水资源。（第8条）

县级以上人民政府应当组织有关部门合理开发利用空中云水资源，开展以抗旱、防雹、水库增蓄、森林草原火灾扑救、生态环境保护等为目的的人工影响天气作业。

山西省：科学规划和合理利用地表水、地下水资源，积极开发空中云水资源，增加可供水量。严格执行用水总量控制制度、用水效率控制制度和水功能区限制纳污制度。加强水利基础设施的规划和建设，加强水资源控制工程建设、灌区建设与改造，提高水利设施调蓄区域性、季节性水资源的能力，提高水资源对气候变化的适应能力，推进水土流失综合治理。（第35条）

加大水资源配置、综合节水技术的研发与推广力度。重点研究开发大气水、地表水、土壤水和地下水的转化机制和优化配置技术，积极支持开展以抗旱、防雹、水库增蓄、森林火灾扑救、生态环境保护等为目的的人工影响天气作业。（第36条）

加强节水型社会建设，深入推进节水型城市、单位、企业（校园、小区）创建，提高水资源利用率。严格执行国家取水许可、水资源有偿使用和节约用水管理制度，研究开发工业用水循环利用技术，加强生活节水技术、器具开发和排污管理，促进废水、污水循环利用。

中国社科院项目组：国家完善水资源开发、利用、节约、保护政策体系，加强水利基础设施的规划，加大综合节水、海水利用等技术的研发和推广力度，提高水资源系统气候变化应对的能力。

国家强化水资源管理，合理开发和优化配置水资源，加快骨干水利枢纽和重点水源工程建设，科学开展流域管理和水资源调度工作，组织实施应急调水和生态补水计划，保证水资源的供需平衡，防止内陆河流、湖泊和湿地萎缩，确保干旱地区的生态不退化。

国家加强农田水利等基础设施建设，提升农业综合生产能力，推动大规模旱涝保收标准农田建设，开展大型灌区续建配套与大型灌溉排水泵站更新改造，扩大农业灌溉面积，提高灌溉效率。推广农田节水技术，开展农业水价综合改革及末级渠系节水改造试点工作，提高灾害应对能力。

国家完善大江大河防洪工程体系，加大水土流失治理力度，开展大中型和重点小型病险水库除险加固工作。

其中，三者的共同点在于：

第一，均涉及科学规划，综合利用水资源。

第二，均规定水资源保护和利用措施。

第三，均规定节水制度。

第四，加强水土流失治理。

第五，均提及水资源的开发。

第六，均规定采取生态环境保护措施。山西省和青海省均规定以生态环境保护为目的的人工影响天气作业，中国社科院项目组也提及组织实施生态补水计划，确保干旱地区的生态不退化。

第七，均强调水污染防治。

不同点在于：

第一，中国社科院项目组更为宏观，从总体上规定了国家在水资源上应对气候变化的措施，如提出完善政策体系，加强规划和管理，进行水价改革等国家层面的措施。青海和山西较为具体，更有地方针对性，如山西水资源贫乏，并提出节水型社会建设，具体规定了研究开发工业用水循环利用技术，加强生活节水技术、器具开发和排污管理，促进废水、污水循环利用等措施。青海省结合当地实际，制定了森林草原火灾扑救、生态环境保护的水资源利用措施。

第二，在水土流失治理方面，青海省规定推进水土流失综合治理，山西省规定推进水土流失综合治理，中国社科院项目组则规定加大水土流失治理力度。

第三，山西省和青海省均规定严格执行国家取水许可，水资源有偿使用；中国社科院项目组则规定开展农业水价综合改革，没有明确有偿使用及取水制度。

第四，山西省和中国社科院项目组均规定加强水利基础设施建设，灌区建设与改造；青海省则没有此规定。

第五，中国社科院项目组明确规定强化水资源管理，并提出了合理开发和优化配置水资源等具体措施；青海省和山西省则规定了相关管理的具体措施，没有归纳性的表述。

第六，中国社科院项目组规定推动大规模旱涝保收标准农田建设，提高水利设施调蓄区域性、季节性水资源的能力；山西省和青海省则没有。

第七，中国社科院项目组规定，完善大江大河防洪工程体系，加大水土流失治理力度，开展大中型和重点小型病险水库除险加固工作；山西省和青海省则没有。

第八，中国社科院项目组和山西省还强调了提高对气候变化的适应能力，青海省没有此规定。

我们的观点是：

第一，湖北省立法应包括三份立法的共同内容：科学规划，综合利用水资源；有效保护和利用水资源；规定节水制度；强调水污染防治。

第二，湖北省立法还须采纳山西省和青海省关于水资源保护和利用的具体措施，如严格执行国家取水许可，水资源有偿使用，加强水土流失治理等。

第三，湖北省还应采用中国社科院项目组适合湖北省情的规定，如加强水资源管理，合理开发和优化配置水资源，加强重点水利枢纽和重点水源工程维护，科学开展流域管理等。湖北省江河流域长，需要科学开展流域管理。湖北省建设有葛洲坝、三峡工程、丹江口等重要水利工程，必须加强水利枢纽工程的管理和维护等。可参考湖北省宏观经济研究所《湖北省应对气候变化规划建议文本（初稿）》规定：加快水利工程设施建设；加强长江三峡库区工程建设；将三峡地理特征、生态环境和三峡水利工程相结合，并依据不同的功能区进行合理规划；大力发展生态农业和生态旅游，调整库区两岸的农村产业结构，确保水质清洁；积极开展库区修坡护坡工程、植被建设工程，建立生态环境监测、预警和综合管理系统。

第四，湖北河流密布，夏季降雨充沛，防洪任务重，应参考中国社科院项目组防洪的规定，结合湖北省宏观经济研究所《湖北省应对气候变化规划建议文本（初稿）》规定的内容，即以长江、汉江为重点加强防洪工程建设，提高蓄滞洪区安全建设能力；完成重点地区中小河治理，完善平原湖区除涝体系，提高排涝标准，增加外排能力；基本建立山洪地质灾害监测预警系统和群测群防体系，增强全省山洪综合治理能力。

第五，湖北省河流密布，水资源管理任务重，需强调水资源管理。湖北省宏观经济研究所《湖北省应对气候变化规划建议文本（初稿）》规定：加强水资源管理与开发利用。根据气候变化对水资源和水环境的影响，积极有序推进中小型水库建设，提高对河流的调蓄能力和城乡供水保障能力。大力开展水电新农村电气化县建设和小水电代燃料生态保护工程建设，科学合理开发汉江及其他中小流域，增强应对气候变化对水资源的不利影响。我国《十三五规划》第三十九章"推进长江经济带发展"中规定：妥善处理好江河湖泊关系，提升调蓄能力，加强生态保护；统筹规划沿江工业与港口岸线、过江通道岸线、取排水口岸线。推进长江上中游水库群联合调度；加强流域磷矿及磷化工污染治理。上述内容可为湖北省立法参考。

第六，湖北省关于水资源节约保护方面，亦可参考湖北省宏观经济研究所《湖北省应对气候变化规划建议文本（初稿）》之规定：以全省河湖管理为重点，加强水资源保护、水生态修复、水土保持综合治理和供水安全保障体系建设；采取水源地保护的工程和非工程措施，基本解决地级市（州）和饮水不安全县市集中饮用水水源的安全保障问题；采取"水价调控、水权交易、水市场监管"等措施，形成以经济手段为主的节水动力机制；建立健全水资源高效利用与有效保护体系，大力推广节水型社会试点，提高水资源利用效率和效益。

第七，湖北省应规定提高水资源应对气候变化能力的内容。

第八，水污染防治方面，可参考我国《十三五规划》第三十九章"推进长江经济带发展"之规定：推进全流域水资源保护和水污染治理，长江干流水质达到或好于Ⅲ类水平；基本实现干支流沿线城镇污水垃圾全收集全处理。

第九，湖北省立法应包括规定生态环境保护措施。我国《十三五规划》第三十九章"推进长江经济带发展"规定："坚持生态优先、绿色发展的战略定位，把修复长江生态环境放在首要位置，推动长江上中下游协同发展、东中西部互动合作，建设成为我国生态文明建设的先行示范带、创新驱动带、协调发展带。"

第十，农田水利等基础设施建设在农业部分已经规定，此处可不以专门条款重复立法。

基于以上分析，我们给出的表述是：科学规划和合理配置、利用水资源。加强水利基础设施的规划和建设，严格执行国家取水许可、水资源有偿使用和节约用水管理制度。提高水资源系统气候变化应对的能力，基本建立山洪地质灾害监测预警系统和群测群防体系，增强全省山洪综合治理能力。

第 32 条【旅游业】

【拟规条为】县级以上人民政府及其相关部门应当坚持发展旅游产业与建设生态文明相结合，在科学利用原生态和自然生态旅游资源的同时，倡导各地方以技术创新和生态保护带动旅游产业升级转型，缓解气候变化带来的负面影响。

【解释】对于旅游业适应气候变化，国家发展和改革委员会的初稿未作出规定，青海省、山西省和中国社科院项目组分别表述为：

青海省：县级以上人民政府及其相关部门应当坚持发展旅游产业与建设生态文明相结合，科学利用原生态和自然生态旅游资源。（第10条）

中国社科院项目组：国家倡导各地方以技术创新和生态保护带动旅游产业升级转型，缓解气候变化带来的负面影响。

气象部门应及时发布景区气候风险信息。景区管理和经营部门应加强游客的风险教育，完善景区风险和应急管理措施，保证旅游安全。

其中，共同点在于均提倡旅游产业与建设生态文明相结合。

不同点在于：

第一，青海鼓励科学利用原生态和自然生态旅游资源，中国社科院项目组倡导各地方以技术创新和生态保护带动旅游产业升级转型。

第二，中国社科院项目组规定，气象部门应及时发布景区气候风险信息；景区管理和经营部门应加强游客的风险教育，完善景区风险和应急管理，保证旅游安全。

我们的观点是：

第一，湖北省旅游资源丰富，旅游业在全省经济中占有较重要的地位，旅游业适应气候变化具有实际意义。

第二，湖北省旅游业应坚持发展旅游产业与建设生态文明相结合，在科学利用原生态和自然生态旅游资源的同时，倡导各地方以技术创新和生态保护带动旅游产业升级转型。

第三，湖北省应规定气象部门发布景区气候风险信息，保障旅游安全，提高游客旅游质量；

第四，湖北省应规定景区管理和经营部门加强景区风险和应急管理，制定风险管理和相关应急制度，保证旅游安全。

第五，《国家适应气候变化战略》（发改气候〔2013〕2252号）规定，合理开发和保护旅游资源。综合评估气候、水文、土地、生物等自然禀赋状况开发旅游资源，调整旅游设施建设与项目设计，利用和整合伴随气候变化而新出现的气象景观、植物景观、地貌景观等开发新的旅游资源；采取必要的保护性措施，防止水、热、雨、雪等气候条件变化造成旅游资源进一步恶化，加强对受气候变化威胁的风景名胜资源以及濒危文化和自然遗产的保护。

基于以上分析，我们给出的表述是：县级以上人民政府及其相关部门应当坚持发展旅游产业与建设生态文明相结合，在科学利用原生态和自然生态旅游资源的同时，倡导各地方以技术创新和生态保护带动旅游产业升级转型，缓解气候变化带来的负面影响。

第 33 条 【生态系统领域】

【拟规条为】建立健全生态安全动态监测预警体系,定期对生态风险开展全面调查评估。

【解释】对于生态系统领域适应气候变化,国家发展和改革委员会的初稿未作出规定,青海省、山西省和中国社科院项目组分别表述为:

青海省:坚持工程治理与自然修复相结合的方针,以保护生态环境为重点,加大三江源地区、青海湖流域等典型生态区生态环境的保护与建设,提高生态系统的稳定性和安全性。(第 7 条)

山西省:开发和利用生物多样性保护和恢复技术,特别是森林和野生动物类型的自然保护区、湿地保护和修复、濒危野生动植物物种保护等相关技术,降低气候变化对生物多样性的影响。(第 32 条)

坚持工程治理与自然修复相结合的方针,以保护生态环境为重点,加大重点流域和地区典型生态区生态环境的保护与建设,积极推进汾河流域生态环境治理修复与保护以及对三川河、涑水河、丹河、桑干河、七里河、十里河、滹沱河、浊漳河、文峪河等河流的全面治理,提高生态系统的稳定性和安全性。尤其要加强对典型生态敏感及脆弱区的生态保护,对生态环境脆弱的牧区、林区、矿区和重要的生态功能区,依法设立禁采区、禁垦区、禁伐区和禁牧区。(第 33 条)

积极推进矿山生态恢复,提高矿区生态环境质量。加强矿山生态环境保护,同步治理矿区"三废"和地表沉陷,大力推进土地复垦并进行生态重建。通过矿区造林绿化、矿区现有森林抚育及保护、矿区荒漠化治理、湿地恢复等工程,恢复矿区植被,保护矿区生物多样性。(第 34 条)

中国社科院项目组:国家建立生物多样性监测网络,采取措施防止生态系统因气候变化出现退化,维护生物多样性。

国家采取就地和移地措施,保护受气候变化影响较大的动植物

164

物种及其生长环境。

其中，三者的共同点在于：

第一，三者均提出保护生物多样性和生态环境。

第二，三者均提出了具体措施。

不同点在于：

第一，中国社科院项目组的规定比较宏观，提出国家建立生物多样性监测网络，采取就地和移地措施保护动植物及生长环境；青海省和山西省规定比较具体，具体措施比较多。

第二，青海和山西均规定，坚持工程治理与自然修复相结合的方针，以保护生态环境为重点，加大重点流域和地区典型生态区生态环境的保护与建设；中国社科院项目组没有此项具体规定。

第三，山西省提出开发和利用生物多样性保护和恢复技术，特别是森林和野生动物类型的自然保护区、湿地保护和修复、濒危野生动植物物种保护等相关技术，降低气候变化对生物多样性的影响；青海省和中国社科院项目组没有规定。

第四，山西省强调对典型生态敏感及脆弱区的生态保护，青海省和中国社科院项目组没有规定。

第五，结合省情，山西省还特别规定推进矿山生态恢复，提高矿区生态环境质量；青海省和中国社科院项目组没有规定。

我们的观点是：

第一，湖北省宜建立生物多样性监测网。我国《十三五规划》第十篇"加快改善生态环境"第四十五章"加强生态保护修复"规定：开展生物多样性本底调查与评估，完善观测体系；科学规划和建设生物资源保护库圃，建设野生动植物人工种群保育基地和基因库；严防并治理外来物种入侵和遗传资源丧失。

第二，湖北省宜开发和利用生物多样性保护和恢复技术，特别是森林和野生动物类型的自然保护区、湿地保护和修复、濒危野生动植物物种保护等相关技术，降低气候变化对生物多样性的影响。我国《十三五规划》第十篇"加快改善生态环境"也规定多污染协同处理、土壤修复治理等新型技术装备研发和产业化。

第三，湖北省亦要坚持工程治理与自然修复相结合的方针，以保护生态环境为重点，加大重点流域和地区典型生态区生态环境的保护与建设，积极推进流域生态环境治理修复与保护，提高生态系统的稳定性和安全性。尤其要加强对典型生态敏感及脆弱区的生态保护，对生态环境脆弱和重要的生态功能区，依法设立禁采区、禁垦区、禁伐区和禁牧区。我国《十三五规划》第十篇"加快改善生态环境"第四十五章"加强生态保护修复"规定：坚持保护优先、自然恢复为主，推进自然生态系统保护与修复，构建生态廊道和生物多样性保护网络，全面提升各类自然生态系统稳定性和生态服务功能，筑牢生态安全屏障。并规定了全面提升生态系统功能、推进重点区域生态修复、扩大生态产品供给以及维护生物多样性等具体措施。我国《十三五规划》第三十九章"推进长江经济带发展"规定："实施长江防护林体系建设等重大生态修复工程，增强水源涵养、水土保持等生态功能。"湖北省宏观经济研究所《湖北省应对气候变化规划建议文本（初稿）》规定：加强生态脆弱地区的保护和恢复建设；以长江、汉江、清江及其重要支流沿岸为建设重点，大力推进沙化土地和沙滩造林，促进沙化、石漠化等生态脆弱地区生态恢复；通过建立气候变化脆弱生态系统丰育工程、退化生态系统恢复重建示范工程、典型自然保护区栖息地恢复与物种保护工程，加强对生态脆弱区自然生态系统及生物多样性保护，从而维护湖北及中部地区生态安全。

第四，湖北省应规定建立生态环境风险监测预警和应急响应系统的内容。我国《十三五规划》第十篇"加快改善生态环境"第四十七章"健全生态安全保障机制"规定："加强生态文明制度建设，建立健全生态风险防控体系，提升突发生态环境事件应对能力，保障国家生态安全"；"加强生态环境风险监测预警和应急响应，建立健全国家生态安全动态监测预警体系，定期对生态风险开展全面调查评估。健全国家、省、市、县四级联动的生态环境事件应急网络，完善突发生态环境事件信息报告和公开机制。严格环境损害赔偿，在高风险行业推行环境污染强制责任保险。"

第五，结合省情，湖北省宜强调对湿地的保护。我国《十三五规划》第三十九章"推进长江经济带发展"中规定"设立长江湿地保护基金"。湖北省宏观经济研究所《湖北省应对气候变化规划建议文本（初稿）》规定：加强湿地生态系统的保护和恢复建设。以龙感湖、洪湖、陆水湖湿地公园、三峡库区、长江干流为重点，加强湿地自然保护区、保护小区、湿地公园等保护体系建设。开展保护基础设施建设、湿地及栖息地生态恢复、保护管理能力建设和威胁因素的综合治理；对湿地生态退化严重区域，开展湿地生境恢复、水资源调配与水管理、湿地污染防控、湿地生态系统功能恢复、有害生物防治；选择具有重要生态价值的湿地开展生态补偿的试点示范；建立湖北省湿地保护管理中心、湖北湿地资源监测中心和宣教中心，建设湖北湿地博物馆。加大退田还湖工程力度，使全省50%以上的自然湿地、80%以上的重点湿地得到有效保护，提高减灾防灾能力。

第六，山西省对矿山生态特别保护，可以纳入治理与修复一般措施中；湖北省无需专门规定。

基于以上分析，我们给出的表述是：建立健全生态安全动态监测预警体系，定期对生态风险开展全面调查评估。

第 34 条 【人民健康领域】

【拟规条为】加强评估气候变化对健康的影响和服务能力，建立因极端天气事件对人体健康监测预警网络，并进行监测、分析和评估，提高人民适应气候变化的能力。

【解释】对于生活与卫生健康领域适应气候变化，青海省、山西省未作出规定。

中国社科院项目组：国家引导公民选择适当的生活和工作方式，合理添减衣物，减少对空调、暖气等气温调节设施的依赖，提高适应气候变化的能力。

国家鼓励开展气候变化对人体健康影响的研究。各级卫生行政主管部门应加强心血管病、疟疾、登革热、中暑、冻伤等疾病发生程度和范围的监测，采取有效措施，防治气候变化尤其是极端气候导致的疾病。

国家发展和改革委员会的初稿：【适应气候变化的总体要求】第 2 款：县级以上地方人民政府应当结合本地实际，采取有针对性的适应气候变化措施，减轻气候变化对本地区经济社会发展和人民生活水平的不利影响，提高本地区适应气候变化的能力和水平。

其中，二者的共同点在于：均规定了提高人民在生活上应对气候变化能力；

二者的不共同点在于：

第一，国家发展和改革委员会的初稿是原则性的总体规定，没有具体措施。

第二，中国社科院项目组规定了对疾病防治等人群健康领域的具体措施。

第三，中国社科院项目组还涉及卫生领域。

我们的观点是：

第一，湖北省为人口大省，人民生活水平及健康保障十分重要，规定提供公民适应气候变化能力十分必要。

第二，湖北省宏观经济研究所《湖北省应对气候变化规划建议文本（初稿）》亦规定：1. 加强气候变化相关疾病防控。针对气候变化对人体健康造成的影响，要建立健全突发公共卫生应急机制、疾病预防控制体系和卫生监督执法体系。重点对弱质人群提供卫生保健服务，干净的水和环境卫生。加大对公共卫生设施建设的投入，尤其是改善湖区血吸虫病卫生设施条件，各级卫生部门要加强评估气候变化对健康的影响和服务能力，搭建公众信息服务产品制作发布平台，及时准确提供权威的疾病监测、预测和预警系统，为公众提供疾病预防的各类服务。以省、市（州）、县、乡为监测点，建立因极端天气事件对人体健康造成影响的监测预警网络，并进行监测、分析和评估。2. 加强气候变化相关疾病的监测与应急响应。完善气候变化影响人体健康的防控体系，重点对血吸虫病、疟疾、心脏病和登革热等气候变化敏感的疾病，建立适应技术示范区，制定相应的适应政策和措施，增强适应对策的有效性。不断改善人居环境，加强公众自我保护意识和健康教育意识，增强对极端事件脆弱人群社会和心理干预。

第三，开展与气候变化密切相关的疾病防控工作。加强应对气候变化卫生应急保障工作。加强适应气候变化及气候变化相关的健康问题研究。

基于以上分析，我们给出的表述是：加强评估气候变化对健康的影响和服务能力，建立因极端天气事件对人体健康监测预警网络，并进行监测、分析和评估，提高人民适用气候变化的能力。

第 35 条【城市领域】

【拟规条为】将适应目标纳入城市发展目标，在城市相关规划中充分考虑气候承载力。提高城市建筑和基础设施抗灾能力。加强城市防洪防涝与调蓄、公园绿地等生态设施建设。推进海绵城市建设，大力建设屋顶绿化、雨水花园、储水池塘、微型湿地、下沉式绿地、植草沟、生物滞留设施等城市"海绵体"，增强城市海绵能力。

【解释】对于城市领域适应气候变化，山西省和应对气候变化法初稿未作出规定，青海省和中国社科院项目组表述为：

青海省：铁路、交通、气象等部门应当加强铁路、公路沿线气象灾害及其次生、衍生灾害的监测、预警，开展多年冻土区铁路、公路冻胀、融沉等防治工程技术研究。（第 11 条）

中国社科院项目组：国务院建设等行政主管部门负责制定建筑物抵御极端气候的标准，鼓励业主按照标准新建和改造建筑。

其中，共同点在于均为基础设施领域适应气候变化的措施。

不同点在于：

第一，青海省还规定了铁路、交通、气象等部门的义务，并提出开展相关技术研究；中国社科院项目组则没有。

第二，中国社科院项目组主要规定了建筑业领域适应气候变化。

我们的观点是：

第一，湖北省宜就建筑适应气候变化事项作出规定。湖北省宏观经济研究所《湖北省应对气候变化规划建议文本（初稿）》专门规定了城乡公共基础设施和建筑设计方面的措施：1. 适当提高城乡公共基础设施和建筑设计标准。要充分考虑高温、干旱、降水、冰雪等气候变化因素，对城乡供水、供电、供气、供热、通信等基础设施提高设计和建设标准。根据气候要素的季节变化调整夏季空调和冬季供暖具体指标，做到将节能减排和居民健康舒适相结合。城市交通方面，根据热岛效应科学调整道路铺设标准，增加道路旁的树木移栽。排水系统方面，提高城市排涝设计标准，完善排水网络系统，结合旧城道路改造和新区道路建设，定期开展排涝设施检修和加固，加强城市排水灌渠和排涝设施建设，提高城市排涝能力。2. 加强城乡安全保障设施建设。开展大型公共建筑的鉴定和加固工作，加强中小学校舍加固改造，完善各类防灾设施；结合城中村改造、农居改造、危房改造，着力提高城乡房屋建筑抗灾能力。加强市政公用设施的定期维护、鉴定、和改造升级，提高市政公用设施防震减灾能力。积极推进防灾避难场所及配套设施建设，按照社区人口密度和分布特点，规划建设灾害避险所，并储备充足的救灾物资，增强避难所的防灾救灾能力。我国《十三五规划》第三十四章"建设和谐宜居城市"规定："根据资源环境承载力调节城市规模，实行绿色规划、设计、施工标准，实施生态廊道建设和生态系统修复工程，建设绿色城市。""加强城市防洪防涝与调蓄、公园绿地等生态设施建设，支持海绵城市发展，完善城市公共服务设施。提高城市建筑和基础设施抗灾能力。"第三十六章"推动城乡协调发展"规定："科学规划村镇建设、农田保护、村落分布、生态涵养等空间布局。加快农村宽带、公路、危房、饮水、照明、环卫、消防等设施改造。开展生态文明示范村镇建设行动和农村人居环境综合整治行动，加大传统村落和民居、民族特色村镇保护力度，传承乡村文明，建设田园牧歌、秀山丽水、和谐幸福的美丽宜居乡村。"

第二，湖北省宜就交通适应气候变化作出规定。我国《十三五规划》第三十九章"推进长江经济带发展"规定："依托长江黄金水道，统筹发展多种交通方式。"第七篇"构筑现代基础设施网络"第二十九章规定："推动运输服务低碳智能安全发展。推进交通运输低碳发展，集约节约利用资源，加强标准化、现代化运输装备和节能环保运输工具推广应用。加快智能交通发展，推广先进信息技术和智能技术装备应用，加强联程联运系统、智能管理系统、公共信息系统建设，加快发展多式联运，提高交通运输服务质量和效益。强化交通运输、邮政安全管理，提升安全保障、应急处置和救援能力。推进出租汽车行业改革、铁路市场化改革，加快推进空域管理体制改革。"

第三，我国《十三五规划》第三十四章"建设和谐宜居城市"规定了"加大"城市病"防治力度，不断提升城市环境质量、居民生活质量和城市竞争力，努力打造和谐宜居、富有活力、各具特色的城市。"第三十五章规定："加强城市防洪防涝与调蓄、公园绿地等生态设施建设，支持海绵城市发展，完善城市公共服务设施。提高城市建筑和基础设施抗灾能力。"第三十六章规定："全面改善农村生产生活条件。科学规划村镇建设、农田保护、村落分布、生态涵养等空间布局。加快农村宽带、公路、危房、饮水、照明、环卫、消防等设施改造。""开展生态文明示范村镇建设行动和农村人居环境综合整治行动，加大传统村落和民居、民族特色村镇保护力度，传承乡村文明，建设田园牧歌、秀山丽水、和谐幸福的美丽宜居乡村。"这些涉及公民生活与卫生健康领域可纳入湖北省立法范围。

第四，城市适应气候变化行动方案（发改气候〔2016〕245号）规定了提高城市基础设施设计和建设标准，发挥城市生态绿化功能，推进海绵城市建设，保障城市水安全，建立并完善城市灾害风险综合管理系统，夯实城市适应气候变化科技支撑能力等城市基础设施适应气候变化的内容，可以为湖北省立法参考。

基于以上分析，我们给出的表述是：将适应目标纳入城市发展目标，在城市相关规划中充分考虑气候承载力。提高城市建筑和基础设施抗灾能力。加强城市防洪防涝与调蓄、公园绿地等生态设施建设。推进海绵城市建设，大力建设屋顶绿化、雨水花园、储水池塘、微型湿地、下沉式绿地、植草沟、生物滞留设施等城市"海绵体"，增强城市海绵能力。

171

第 36 条【气象领域】

【拟规条为】气象主管机构应当会同有关部门加强极端天气气候事件监测预警和气象灾害风险管理，开展生态和环境气象服务。

【解释】对于气象适应气候变化，国家发展和改革委员会的初稿未作出规定，青海省、山西省和中国社科院项目组分别表述为：

青海省：省气象主管机构应当会同有关部门建立气候变化监测与评估系统，加强气候变化和极端气候事件的监测，开展气候变化对水资源、生态环境和敏感行业的影响评估，会同有关部门编制《青海省气候变化评估报告》，为适应和减缓气候变化及防灾减灾提供决策依据。（第 12 条）

山西省：气象主管机构应当会同有关部门建立温室气体监测统计系统和气候变化监测评估系统，加强对气候变化和极端气候事件的监测，增强对干旱、高温、洪涝、霜冻等气象灾害及其次生、衍生灾害的预测、预警和信息发布能力。提高对气候变化的预测能力，开展对农业、林业、水资源、生态环境和敏感行业的气候变化影响评估，编制气候变化评估报告，为适应和减缓气候变化及防灾减灾提供决策依据。（第 37 条）

中国社科院项目组：国家加强对各类极端天气与气候事件的监测、预警、预报，科学防范和应对极端天气、气候灾害及其衍生灾害。（第 60 条）

国务院和地方各级人民政府应当制定洪灾、冰雪灾、旱灾、虫灾、火灾等灾害的综合和专项应急预案，建立应急工作体制，完善当地防灾减灾措施。

企事业单位应当结合所处气象条件和地理环境，合理规划和选择生产经营场所，制定应对气候灾害的应急预案。

国家建立健全气候变化应急救灾体系，确保将气候变化带来的灾害损失最小化。地方各级人民政府应采取措施，鼓励、引导志愿者参加防灾减灾活动，提高全社会应对极端气象灾害的能力。

三者的共同点在于：

第一，均规定建立气候变化监测与评估系统，加强气候变化和极端气候事件的监测。

第二，均规定开展气候变化影响评估，以供政府及各部门决策采用。

第三，均规定加强对气候的预测、预警和信息发布能力。

不同点在于：

第一，中国社科院项目组的规定更简洁、干练，只规定加强对各类极端天气与气候事件的监测、预警、预报，没有列举具体措施；而山西和青海均规定了具体措施。

第二，山西省和中国社科院项目组均规定有，建立应对气候变化预警方案；青海省没有规定。

第三，中国社科院项目组还规定建立健全气候变化应急救灾体系。

我们的观点是：

第一，尽管《总体要求》上有相关规定，但是由于气象在应对气候变化中的基础性作用和关联性，宜规定具体措施。

第二，湖北省应规定对各类极端天气与气候事件的监测、预警、预报的具体措施，包括对气候变化预警方案，建立健全气候变化应急救灾体系。我国《十三五规划》第七十二章"健全公共安全体系"规定："提升防灾减灾救灾能力坚持以防为主、防抗救相结合，全面提高抵御气象、水旱、地震、地质、海洋等自然灾害综合防范能力。健全防灾减灾救灾体制，完善灾害调查评价、监测预警、防治应急体系。建立城市避难场所。健全救灾物资储备体系，提高资源统筹利用水平。加快建立巨灾保险制度。制定应急救援社会化有偿服务、物资装备征用补偿、救援人员人身安全保险和伤亡抚恤等政策。广泛开展防灾减灾宣传教育和演练。"中国应对气候变化的政策与行动2015年度报告"适应气候变化"规定："加强极端天气气候事件监测预警和气象灾害风险管理。开展生态和环境气象服务。开展重点区域、特色产业气候变化影响评估。"

第三，湖北省宏观经济研究所《湖北省应对气候变化规划建议文本（初稿）》可供参考：针对我省高温热浪、季节性干旱、洪涝、低温冰雪等极端气象灾害，要加强各种极端气候事件的预测预警和防灾减灾建设。建立"政府主导、部门联动、社会参与"应急预警联动和社会响应体系。加强极端气候事件的风险管理，大力推广气候灾害政策性与商业性保险，形成政府、市场、和社会力量多元分担风险机制，增强极端气象灾害防御能力。

基于以上分析，我们给出的表述是：气象主管机构应当会同有关部门加强极端天气气候事件监测预警和气象灾害风险管理，开展生态和环境气象服务。

第 37 条 【协作领域】

【拟规条为】省人民政府及县级以上地方人民政府应当建立气候变化适应和灾害应对的通报和协作机制，采取切实可行的措施，应对气候变化可能产生的灾害和威胁。

【解释】对于适应气候变化综合措施，青海省、山西省和国家发展和改革委员会的初稿未作出规定。

中国社科院项目组：国务院和县级以上地方人民政府应当建立气候变化适应和灾害应对的通报和协作机制，采取切实可行的措施，应对气候变化可能产生的灾害和威胁。

我们的观点是：湖北省宜作此类规定。

基于以上分析，我们给出的表述是：省人民政府及县级以上地方人民政府应当建立气候变化适应和灾害应对的通报和协作机制，采取切实可行的措施，应对气候变化可能产生的灾害和威胁。

第四章　应对气候变化的保障措施

第 38 条【组织保障】

【拟规条为】各地、各部门应加强应对气候变化工作的组织领导，建立和完善各地、各部门应对气候变化工作的协调机制，把应对气候变化纳入地区国民经济和社会发展总体规划，制定符合本地区、本部门实际的应对气候变化具体措施，以实现"绿色发展"、"低碳发展"。

【解释】在"组织保障"上，国家发展和改革委员会的初稿未作出规定；而其他三份气候变化立法对此的表述分别为：

青海省：县级以上人民政府应当把适应气候变化和控制温室气体排放目标作为制定中长期发展战略和规划的重要内容。

山西省：各级人民政府应当建立地方应对气候变化的管理体系和工作机构，研究确定应对气候变化的重大战略、方针和政策，协调解决应对气候变化工作中的重大问题。把适应气候变化和控制温室气体排放目标作为制订中长期发展战略和规划的主要内容，根据本地区地理环境、气候条件、经济发展水平等方面的具体情况，因地制宜地制定应对气候变化的相关政策措施，并认真组织实施。

中国社科院项目组：国家综合运用经济、科技、法律、行政等保障措施，全面保障应对气候变化能力建设。国家和地方各级人民政府发展与改革、税务、工商、国土资源、财政、海关、证券监督、信贷等行政主管部门，结合各自的职责，制定有利于控制和减少温室气体排放的产业政策、科技政策、财税政策、金融政策、投资政策和进出口政策，形成有利于积极应对气候变化的政策导向和体制机制。

其中，三者的共同点在于：第一，均从宏观层面强调了"应对气候变化的保障措施"。第二，都提出要制定"应对气候变化的战略规划或措施"。

不同点在于：第一，青海省的立法内容最简单，虽然没有明确提出"组织保障"问题，但是强调要制定"战略规划"；第二，山西省的立法内容较为全面，既明确要求"组织保障"，又提出来要制定"战略规划"和"政策措施"；第三，中国社科院项目组社科院法学所的立法内容则指出要运用综合的保障措施，并要求有关的行政主管部门制定相关措施。

我们的观点是：第一，要明确规定"加强应对气候变化工作的组织领导"；第二，要提出"建立和完善各部门的协调机制"。

基于以上分析，我们给出的表述是：各地、各部门应加强应对气候变化工作的组织领导，建立和完善各地、各部门应对气候变化工作的协调机制，把应对气候变化纳入地区国民经济和社会发展总体规划，制定符合本地区、本部门实际的应对气候变化具体措施，以实现"绿色发展"、"低碳发展"。

第 39 条【规划保障】

【拟规条为】编制土地利用总体规划、城乡规划、环境保护规划、生态保护建设规划、水资源规划和水土保持规划等规划时，要充分考虑湖北省情，征求各方意见、进行科学论证，同时要注意扶持对应对气候变化有重要意义的行业和保护对应对气候变化有重要意义的地区。

【解释】在"规划保障"方面，国家发展和改革委员会的初稿未作出规定；而其他三份气候变化立法对此的表述分别为：

青海省：编制土地利用总体规划、城乡规划、环境保护规划、生态保护建设规划、水资源规划和水土保持规划等规划时，应当征求有关单位、社会组织、专家学者、公众和气象等部门的意见，并进行科学论证，充分考虑气候变化对经济社会发展的影响。

山西省：编制土地利用总体规划、城乡规划、环境保护规划、生态保护建设规划、水资源规划和水土保持规划等规划时，应当征求有关单位、社会组织、专家学者、公众和气象部门的意见，并进行科学论证。要充分考虑气候变化对经济社会发展的影响，合理引导资源开发和配置、产业发展和生产力布局等，大力培育区域生态经济和循环经济体系。

中国社科院项目组：国家和地方各级人民政府在制定国民经济和社会发展规划时，要考虑区域和行业差别，重点扶持对气候保护有重要意义的地区和行业。

其中，三者的共同点在于：都强调制定"规划保障"时，要考虑"气候变化对经济社会发展的影响"或"区域和行业差别"。

不同点在于：第一，青海、山西的立法内容不但都对"规划"的类型做了较为详尽的列举，而且均强调制定"规划"时要征求各方意见；第二，山西的立法内容还专门指出"大力培育区域生态经济和循环经济体系"；第三，中国社科院项目组的立法内容还明确提出，制定"规划"时要注意"重点扶持对气候保护有重要意义的地区和行业"。

我们的观点是：第一，制定"规划"时，要充分考虑湖北省情，如湖北既是老工业基地、又是农业大省；第二，要明确提出"注意扶持对气候保护有重要意义的地区和行业"。

基于以上分析，我们给出的表述是：编制土地利用总体规划、城乡规划、环境保护规划、生态保护建设规划、水资源规划和水土保持规划等规划时，要充分考虑湖北省情，征求各方意见、进行科学论证，同时要注意扶持对应对气候变化有重要意义的行业和保护对应对气候变化有重要意义的地区。

第40条【财政保障】

【拟规条为】县级以上人民政府应安排一定的应对气候变化工作专项资金并纳入财政预算；建立专项引导资金，重点支持应对气候变化的重点工程、能力建设、示范试点，确保资金落实到位；发挥政府投资的引导作用，多渠道筹措资金，吸引社会各界资金投入应对气候变化的共同事业；积极利用外国政府、国际组织等双边和多边基金，支持开展气候变化领域的科学研究与技术开发。

【解释】就"财政保障"条款而言，国家发展和改革委员会的初稿未作出规定；而其他三份气候变化立法对此的表述分别为：

青海省：鼓励社会各界多渠道筹集资金为应对气候变化提供资金支持。地方财政应当安排节能专项资金，支持节能技术研究开发、节能技术和产品的示范与推广、重点节能工程的实施等。

山西省：第47条　县级以上人民政府应当建立相对稳定的政府资金渠道，支持气候变化应对工程建设及相关科技研发工作，并确保资金落实到位、使用高效。吸收社会资金投入气候变化的科技研发工作，将科技风险投资引入气候变化领域。充分发挥企业作为技术创新主体的作用，引导企业加大对气候变化领域技术研发的投入。第48条　采取鼓励和优惠措施，吸引国内外企业、金融机构和民间资本投入，建立健全多元化绿色低碳投融资和环境资源生态补偿机制。逐步建立温室气体排放权有偿使用和碳交易市场，充分发挥市场的资源配置作用，实现温室气体总量控制前提下的环境资源合理调配。

中国社科院项目组：县级以上人民政府应安排气候变化应对专项资金并纳入财政预算。各级人民政府对完成节能减排任务的行业和地区予以财政奖励。国家对节能减排技术、产品的研究、开发、制造、普及和采取自愿减排措施的企事业单位给予资金补助或贴息、免息、减息等财政支持。具体办法由国务院财政行政主管部门会同国务院发展与改革等行政主管部门制定。

其中，三者的共同点在于：第一，都明确提出要为应对气候变化提供资金支持、实施财政保障；第二，均强调要对"节能减排技术"予以鼓励或支持。

不同点在于：第一，青海省的立法内容比较简洁，主要集中在"为应对气候变化提供资金支持"。第二，山西省的立法内容有两条相关规定：前者为资金支持条款，后者为鼓励和优惠措施条款。第三，中国社科院项目组的立法内容比较复杂，除了上述"财政保障"条款的核心内容外，其实还有数条的内容与此相关，如第75条【资金和基金保障】、第67条【投资与信贷保障】、第73条【信用保障】以及第68条【能源生产的价格和税收措施】等。

我们的观点是：第一，明确规定要为"应对气候变化提供资金支持、实施财政保障"；第二，要有激励措施的规定；第三，条款的内容不宜太繁琐。

基于以上分析，我们给出的表述是：县级以上人民政府应安排一定的应对气候变化工作专项资金并纳入财政预算；建立专项引导资金，重点支持应对气候变化的重点工程、能力建设、示范试点，确保资金落实到位；发挥政府投资的引导作用，多渠道筹措资金，吸引社会各界资金投入应对气候变化的共同事业；积极利用外国政府、国际组织等双边和多边基金，支持开展气候变化领域的科学研究与技术开发。

第41条【技术保障】

【拟规条为】县级以上人民政府和有关部门应加大科研投入，大力开展产学研联合，重点支持应对气候变化研究开发项目，进一步提高应对气候变化的能力。组织开发和示范有重大节能减排作用的共性和关键技术。重点研究分布式供能系统，研发高效、清洁和零排放的化石能源开发利用技术和低成本、高效率的可再生能源新技术以及碳捕获和封存技术等。

【解释】在"技术保障"方面，国家发展和改革委员会的初稿未作出规定；而其他三份气候变化立法对此的表述分别为：

青海省：鼓励有关部门和科研机构参加应对气候变化国内外合作，学习和应用先进技术和方法，提高应对气候变化能力。县级以上人民政府及其工作部门，应当注重支持节能、节水、节地、节材、资源综合利用等项目的实施。对依法列入节能技术、节能产品推广目录的项目和可再生能源开发利用项目，依法实行税收优惠等扶持政策。

山西省：吸收社会资金投入气候变化的科技研发工作，将科技风险投资引入气候变化领域。充分发挥企业作为技术创新主体的作用，引导企业加大对气候变化领域技术研发的投入。

中国社科院项目组：国家鼓励和支持碳捕获及其封存、利用等气候变化应对科学技术的发展。国务院科技行政主管部门和各省级人民政府负责组织建立国家和省级气候变化应对科技支撑体系。各级科技行政主管部门和其他有关行政主管部门，应当指导和支持节能减排、减缓和适应气候变化的技术、产品、服务的研究、开发、示范和推广工作。各级人民政府及其有关部门应当将气候变化重大科技攻关项目的自主创新研究、应用示范列入国家或者省级科技发展规划和高技术产业发展规划，并安排财政性资金予以支持。利用财政性资金引进气候变化应对重大技术、装备的，应当制定消化、吸收和创新方案，报有关主管部门审批并接受其监督。

其中，三者的共同点在于：都规定了从技术方面的具体措施，以提高应对气候变化的能力。不同点在于：第一，青海省的立法内容既规定了有关部门和科研机构的任务，也对县级以上人民政府及其工作部门提出了明确的要求；第二，山西省立法的内容相对较为笼统、简单一些；第三，社科院法学所的立法内容比较详尽，它既从宏观层面指出了"国家鼓励和支持碳捕获及其封存、利用等气候变化应对科学技术的发展"，也从微观的角度明确了"国务院科技行政主管部门和各省级人民政府"以及"各级科技行政主管部门和其他有关行政主管部门"在这方面的职责。

我们的观点是：一方面要明确规定县级以上人民政府和有关部门在这方面的职责和任务，另一方面有关的规定不宜过于琐碎。

基于以上分析，我们给出的表述是：县级以上人民政府和有关部门应加大科研投入，大力开展产学研联合，重点支持应对气候变化研究开发项目，进一步提高应对气候变化的能力。组织开发和示范有重大节能减排作用的共性和关键技术。重点研究分布式供能系统，研发高效、清洁和零排放的化石能源开发利用技术和低成本、高效率的可再生能源新技术以及碳捕获和封存技术等。

第 42 条 【宣传保障】

【拟规条为】 各级人民政府应当进一步提高政府领导干部应对气候变化的意识和决策水平。要加强应对气候变化方面的"低碳日"宣传活动,充分发挥新闻媒介的舆论监督和导向作用,倡导低碳生活,提高全社会应对气候的意识。教育主管部门应把气候变化方面的知识纳入中小学素质教育的内容。完善气候变化信息发布的渠道和制度,拓宽公众参与和监督渠道,形成应对气候变化的良好社会氛围,促进广大公众和社会各界参与减缓全球气候变化的行动。

【解释】 就"宣传保障"而言,国家发展和改革委员会的初稿未作出规定;而其他三份气候变化立法对此的表述分别为:

青海省:科技、文化新闻出版、广播电视、气象等部门和有关社会团体、新闻媒体应当开展形式多样的宣传教育和节能减排主题活动,普及气候变化知识,增强群众应对气候变化的意识。教育主管部门应当将应对气候变化相关知识纳入到中小学教育教学内容中,使气候变化教育内容成为素质教育的组成部分。

山西省:第 51 条 各级人民政府应当进一步提高政府领导干部、企事业单位决策者的气候变化意识,逐步建立一支具有较高全球气候变化意识的干部队伍。第 52 条 科技、文化、新闻出版、广播电视、气象等部门和有关社会团体、新闻媒体应当利用多种传媒途径,开展形式多样的宣传教育和节能减排主题活动,普及气候变化知识,倡导低碳生活,增强公众应对气候变化的意识。第 53 条 教育主管部门应当加强气候变化知识的教育和普及,培养学生形成低碳、节能、环保的意识和行为,为有效应对气候变化创造良好的社会氛围。

中国社科院项目组:第七章气候变化应对的宣传教育和社会参与。第 89 条 【总体要求】国家将气候变化及其应对知识纳入国家教育体系。国务院和地方各级人民政府应当将气候变化应对的教育培训纳入中央和地方环境保护教育的中长期规划,并安排专项资金予以保障。县级以上人民政府加强对全社会尤其是青少年气候变化应对的教育，宣传普及保护环境、气候变化应对的科学知识和法律法规，提高全民的气候变化科学素质，增强全社会节约利用资源、保护环境和气候的自觉意识。第90条【宣传方式】国家充分发挥报纸、书籍、广播、电视、杂志、互联网、手机等媒体的作用，加强气候变化应对、节能减排、低碳发展的国内外宣传。国家鼓励媒体制作、播放与气候变化、节能减排、低碳发展有关的节目和公益广告。第91条【对外宣传】国务院宣传部门每年应以中文、英文、德文、俄文、西班牙文、法文等语言发布中国应对气候变化白皮书，阐明我国应对气候变化的政策和行动计划，展示我国在应对气候变化方面的措施和成效，广泛获取国内外的理解、认同和支持。第92条【在校教育】国家将气候变化、节能减排、低碳发展等方面的知识纳入中小学素质教育的内容。国家将气候变化、节能减排、低碳发展等方面的科技和管理课程纳入高等教育、职业教育培训体系，加强教育科研基地建设，积极培养气候变化应对领域专业人才。国务院教育行政主管部门应当组织有关教育单位统一编写气候变化应对优质教材、读本和包括应对气候变化内容在内的综合性环境教育教材、读本。第93条【在职教育】国家将气候变化、节能减排、低碳发展等方面的科技和管理培训教育纳入在职科技与管理培训体系，加强对在职人员特别是领导干部气候变化知识的培训。有效提高在职人员气候变化应对意识和科学管理水平。在职科技与管理培训形式包括举办进修班、集体学习、讲座、报告会等。第94条【社会参与】国家提倡勤俭节约、低碳发展，倡导绿色、低碳的健康文明生活方式和消费方式，营造积极应对气候变化的良好社会氛围。国家广泛动员，注重发挥社区、社会团体、个人的积极性，采取多种渠道和手段引导全社会积极参与气候变化应对行动。各级人民政府应当通过宣传、教育、税收等措施，鼓励消费者购买、使用节能减排、废物再生利用和利用可再生新能源生产的产品。

　　其中，三者的共同点在于：均规定通过宣传教育的方式，普及气候变化的知识，应增强公众的应对气候变化的意识。

　　不同点在于：第一，青海省的立法内容分两个层次：一是通过宣传教育，增强应对气候变化的意识；二是进一步明确要求，教育主管部门应当将应对气候变化相关知识纳入到素质教育中。第二，山西省的立法内容除了涵盖青海省的立法内容以外，还特别强调要"建立一支具有较高全球气候变化意识的干部队伍"。第三，中国社科院项目组的立法内容最为详细。它不但以专章"气候变化应对的宣传教育和社会参与"的形式、规定了应对气候变化的宣传保障，而且分别以"总体要求"、"宣传方式"、"对外宣称"、"在校教育"、"在职教育"和"社会参与"等六条的形式，提出了具体的实施举措。

　　我们的观点是：比较赞同山西省的立法内容。具体而言，它分四个层次：一是人才队伍建设；二是提高全民的应对气候变化意识；三是气候变化知识的教育从中小学开始；四是完善气候变化信息发布的渠道和制度。

　　基于以上分析，我们给出的表述是：各级人民政府应当进一步提高政府领导干部应对气候变化的意识和决策水平。要加强应对气候变化方面的"低碳日"宣传活动，充分发挥新闻媒介的舆论监督和导向作用，倡导低碳生活，提高全社会应对气候的意识。教育主管部门应把气候变化方面的知识纳入中小学素质教育的内容。完善气候变化信息发布的渠道和制度，拓宽公众参与和监督渠道，形成应对气候变化的良好社会氛围，促进广大公众和社会各界参与减缓全球气候变化的行动。

第 43 条【温室气体核算制度】

　　【拟规条为】湖北省发展和改革委员会会同有关部门组织开展湖北省温室气体清单编制和二氧化碳排放核算工作。县级以上人民政府应将温室气体排放等基础统计指标纳入政府统计指标体系。

　　【解释】青海和山西二省均未规定此制度，中国社科院项目组有关规条中出现了温室气体核算的规定，而国家发展和改革委员会的初稿则规定了这一制度。具体表述如下：

国家发展和改革委员会的初稿：国家建立温室气体排放统计核算制度。县级以上人民政府应当将温室气体排放等基础统计指标纳入政府统计指标体系。省级以上人民政府应对气候变化主管部门会同有关部门组织开展本行政区域的温室气体清单编制和二氧化碳排放核算工作。

到目前为止，从湖北省出台的关于气候变化的相关规定来看，仅有2014年出台的《湖北省碳排放权管理和交易暂行办法》，但该办法缺乏法律依据，仅是在该办法中模糊地规定"根据有关法律、法规和国家规定"。因此，执行力度上存在"无法"作为根据的问题。因此，在借鉴《草案》的前提下，增加温室气体核算制度，有助于为《湖北省碳排放权管理和交易暂行办法》提供法律依据。同时也是为"第二章气候变化的减缓部分"提供总则依据。

因此，我们结合国家发展和改革委员会的初稿和湖北省省情，规定了温室气体核算制度。

基于以上分析，我们给出的表述是：湖北省发展与改革委员会会同有关部门组织开展湖北省温室气体清单编制和二氧化碳排放核算工作。县级以上人民政府应将温室气体排放等基础统计指标纳入政府统计指标体系。

第44条【专家咨询制度】

【拟规条为】地方各级人民政府应设立气候变化专家咨询委员会，由与气候变化和能源相关的第三方专家组成。委员会主要负责向各级人民政府提供应对气候变化的专家建议，并在相关政府部门配合下，出台相关应对气候变化的咨询意见、报告等制度性文件。

【解释】青海省、山西省没有体现这一制度，但中国社科院项目组将该制度放在了第21条，其具体规定为：国务院成立气候变化应对专家咨询小组，在气候变化应对部级协调委员会办公室领导下开展工作。小组由经济、科技、文化、法律、外交等方面的专家组成，为国务院及其有关部门提供相关的政策建议。

我们认为，从国内层面来看，早在2007年国家就成立了应对气候变化专门委员会。这一机构为我国应对气候变化提供了重要的咨询意见，有利地促进了国内的应对气候变化的能力与制度建设，同时也为我国在气候变化大会谈判上提供了重要的智力支持。从国际经验来看，成立专家咨询制度基本上是各国应对气候变化都体现的制度安排。例如，英国有专门的气候变化委员会，具体负责应对气候变化总体规划的草案，温室气体减排的具体安排的规定等，然而再由政府审议，最终形成制度性文件。这样做是因为应对气候变化已远不是环境问题，也不仅仅是科学问题，而是一个包括各个专业领域、多学科的议题。可见，成立专家咨询制度有利于促进政府决策的科学性、完整性。

基于以上分析，我们给出的表述是：地方各级人民政府应设立气候变化专家咨询委员会，由与气候变化和能源相关的第三方专家组成。委员会主要负责向各级人民政府提供应对气候变化的专家建议，并在相关政府部门配合下，出台相关应对气候变化的咨询意见、报告等制度性文件。

第 45 条 【评价与考核体系】

【拟规条为】县级以上人民政府应将应对气候变化指标完成情况纳入地方经济社会发展综合评价和年度考核体系，作为政府领导干部综合考核评价和国有及国有控股企业负责人业绩考核的重要内容。

【解释】青海、山西、中国社科院项目组以及国家发展和改革委员会的初稿都规定了这一条款。具体表述为：

青海省：第 26 条　县级以上人民政府应当每年向上一级人民政府报告应对气候变化职责履行情况，并将节能减排指标完成情况纳入地方经济社会发展综合评价和年度考核体系，作为政府领导干部综合考核评价和国有及国有控股企业负责人业绩考核的重要内容。

山西省：第 57 条　县级以上人民政府应当每年向上一级人民政府报告应对气候变化职责履行情况，并将节能减排指标完成情况纳入地方经济社会发展综合评价和年度考核体系，作为政府领导干部综合考核评价和国有及国有控股企业负责人业绩考核的重要内容。

中国社科院项目组：第11条 国家实行气候变化应对目标责任制和考核制度，将区域节能减排目标、单位GDP能效作为地方人民政府及其主要负责人考核评价的重要内容。

国家发展和改革委员会的初稿：第9条 国家建立应对气候变化目标责任评价考核制度，将应对气候变化目标完成情况作为对地方人民政府及其负责人评价考核的内容。

四份气候变化立法中的共同点在于，都强调气候变化的责任问题。不同点在于，青海、山西和中国社科院项目组都将节能减排直接列出，而国家发展和改革委员会的初稿则强调气候变化目标完成情况。

我们认为，节能减排不能完全涵盖应对气候变化指标体系，特别是对于适应气候变化的举措没有完全体现出现。因此，国家发展和改革委员会的初稿强调的"将应对气候变化目标完成情况"更可取一些、涵盖范围更广。

基于以上分析，我们给出的表述是：县级以上人民政府应将应对气候变化指标完成情况纳入地方经济社会发展综合评价和年度考核体系，作为政府领导干部综合考核评价和国有及国有控股企业负责人业绩考核的重要内容。

第五章　应对气候变化的监管责任

建立有效衡量各地区及各部门开展应对气候变化工作成效的指标体系，明确目标责任；制定和完善具体的评价考核和实施办法，重点评价应对气候变化主要目标的实现情况及相关政策措施的制定和落实情况；完善问责制度，将综合评价考核的结果作为各级领导干部选拔任用、奖励惩戒的重要依据，建立应对气候变化的问责和奖惩制度，充分发挥考核和问责制度的导向作用和激励约束作用等。

一、概　　述

在监管责任部分，青海、山西省出台的《应对气候变化办法》中没有监管责任部分。中国社科院项目组的第六章监督管理部分涉及监管责任，国家发展和改革委员会初稿的第二章管理与监督具体针对监管责任。但这并不是说没有监管责任部分就没有监管责任内容。在这些规定中有涉及监管责任的内容。具体表现在：

青海省在第 25 条、第 26 条涉及监管责任。

山西省在第 6 条、第 54 条、第 55 条、第 56 条涉及监管责任。

中国社科院项目组在第二章和第六章中涉及监管责任。

它们存在的共同点是：

第一，都涉及监管责任的主体。

第二，都强调了政府的监管责任。

它们的不同点在于：

第一，从条文看，没有统一的监管责任内容，最少的青海省只涉及两条内容。

第二，监管责任存在着与保障措施重合，像山西省在保障措施中体现出了监管责任

第三，中国社科院项目组的监管责任较为全面，但监管责任分成两部分，不利于突出责任主体与监管活动的紧密联系。

基于以上分析，本建议稿分职责分工、监管制度、法律责任三个部分，共计 6 条。

二、具 体 释 义

第 46 条 【职责分工】

【拟规条为】节能减排（应对气候变化）领导小组是湖北省应对气候变化领导机构，其机构办公室设立在省发展和改革委员会，并在其机构办公室的领导下设立湖北省应对气候变化专家委员会。湖北省各级人民政府行政主管部门应在省节能减排（应对气候变化）领导小组框架下，在各自职责范围内，对本行政区域内有关应对气候变化工作实施监督管理。

【解释】青海省、山西省的规定中都没有涉及成立应对气候变化的相关机构。中国社科院项目组和国家发展和改革委员会的初稿涉及这一规定。对发展和改革部门的统一领导的规定，只有山西省和中国社科院项目组涉及。具体表述如下：

山西省：各级发展和改革部门是本行政区域内应对气候变化工作的组织协调管理部门，负责会同有关部门研究提出应对气候变化工作的规划和政策，协调开展应对气候变化领域的对外合作和能力建设，并对相关工作进行审核、监督和管理。

中国社科院项目组：各省级人民政府根据情况设立省级气候变化应对协调委员会及其办公室，并在省级气候变化应对协调委员会办公室的领导下成立专家小组。小组由经济、科技、文化、法律、外交等方面的专家组成。地方人民政府发展与改革部门对本行政区域的气候变化应对工作实行统一指导、协调和监督。地方人民政府环境保护行政主管部门对属于大气污染物质的温室气体的防治工作

实行统一监督管理。地方人民政府商务、财政、科技、税务、国土资源、交通运输、农业、林业、海洋、气象等行政主管部门在各自的职责范围内，对本行政区域有关气候变化应对工作实施监督管理。地方人民政府国有资产管理部门应将节能减排完成情况作为对主管的国有及国有控股企事业单位负责人业绩考核的重要内容。

国家发展和改革委员会的初稿：国家采取统一管理和分工负责相结合的管理体制和工作机制应对气候变化。国务院应对气候变化主管部门应当对全国应对气候变化工作进行统一管理和监督。国务院有关部门应当在各自的职责范围内开展应对气候变化相关管理和监督工作。

我们参考了中国社科院项目组和山西省的规定。根据国家发展和改革委员会的报告，全国各省（自治区、直辖市）均成立了以政府行政首长为组长的应对气候变化领导机构。①

基于以上分析，我们给出的表述是：节能减排（应对气候变化）领导小组是湖北省应对气候变化领导机构，其机构办公室设立在省发展和改革委员会，并在其机构办公室的领导下设立湖北省应对气候变化专家委员会。湖北省各级人民政府行政主管部门应在省节能减排（应对气候变化）领导小组框架下，在各自职责范围内，对本行政区域内有关应对气候变化工作实施监督管理。

第 47 条【行政监督与权力监督】

【拟规条为】 上级人民政府应当加强对下级人民政府应对气候变化工作的业务指导、技术培训和监督检查。各级人民政府应当每年向同级人民代表大会常务委员会报告气候变化应对职责履行情况。

【解释】 青海省、山西省和中国社科院项目组都强调了行政监督。而中国社科院项目组单独强调了权力监督。具体表述为：

---

① 参见国家发展和改革委员会：《中国应对气候变化的政策与行动：2013 年报告》，2013 年 11 月，第 6~7 页。

青海省：县级以上人民政府应当每年向上一级人民政府报告应对气候变化职责履行情况。

山西省：县级以上人民政府应当每年向上一级人民政府报告应对气候变化职责履行情况。

中国社科院项目组：上级人民政府应当加强对下级人民政府应对气候变化工作的业务指导、技术培训和监督检查。各级人民政府应当每年向同级人民代表大会常务委员会报告气候变化应对职责履行情况。

在此条文中，我们沿用了社科院的条文陈述。理由是青海和山西省的较为具体，但可能不能涵盖其他方面的行政监督。此外，从立法角度来看，权力监督也应包括在内。

基于以上分析，我们给出的表述是：上级人民政府应当加强对下级人民政府应对气候变化工作的业务指导、技术培训和监督检查。各级人民政府应当每年向同级人民代表大会常务委员会报告气候变化应对职责履行情况。

第 48 条 【统筹规划】

【拟规条为】行使监督管理权的部门应结合自身职责，组织调查研究，开展气候变化的影响评估、指导和管理，全面推动气候变化应对监管的科学性。编制土地利用总体规划、城乡规划、环境保护规划、生态保护建设规划、水资源规划和水土保持等与气候变化相关的制度性文件时，应当征求有关单位和社会的意见并进行科学论证，充分考虑气候变化及其应对对社会经济发展的影响，与国家应对气候变化的法律法规及政策保持一致。

【解释】青海省、山西省以及中国社科院项目组都规定了这一条。具体表述：

青海省：第 21 条 编制土地利用总体规划、城乡规划、环境保护规划、生态保护建设规划、水资源规划和水土保持规划等规划时，应当征求有关单位、社会组织、专家学者、公众和气象部门的意见，并进行科学论证，充分考虑气候变化对经济社会发展的影响。

山西省：第 40 条　编制土地利用总体规划、城乡规划、环境保护规划、生态保护建设规划、水资源规划和水土保持规划等规划时，应当征求有关单位、社会组织、专家学者、公众和气象部门的意见，并进行科学论证。要充分考虑气候变化对经济社会发展的影响，合理引导资源开发和配置、产业发展和生产力布局等，大力培育区域生态经济和循环经济体系。

中国社科院项目组：第 77 条　依照本法规定行使监督管理权的部门应当结合自己的职责，组织调查研究，开展气候变化的影响评估、指导和管理，全面推动气候变化应对监管的科学性。编制土地利用总体规划、城乡规划、环境保护规划、生态保护建设规划、水资源规划和水土保持规划时，应当征求有关单位和社会的意见并进行科学论证，充分考虑气候变化及其应对对经济社会发展的影响，与气候变化应对中长期规划保持一致。

在此条文规定中，我们参考了中国社科院项目组第 77 条，但有些修改。第一，删除了"依照本法规定"，因为监督管理权随着应对气候变化的深入，有可能进一步扩大，而"依照本法规定"会限制应对气候变化监督管理权的行使。第二，我们不仅强调了六个规划文件，而且也强调了其他制度性文件，旨在进一步扩大应对气候变化制度安排的需要，比如国家或地方可能规定一些能源规划、低碳规划等，这些都需要经过相关科学论证。第三，我们认为不仅仅是与气候变化应对中长期规划一致，而且也应与其他与气候变化相关的法律法规一致，因此，此处改为"与气候变化相关的法律法规及政策保持一致"。

基于以上分析，我们给出的表述是：行使监督管理权的部门应结合自身职责，组织调查研究，开展气候变化的影响评估、指导和管理，全面推动气候变化应对监管的科学性。编制土地利用总体规划、城乡规划、环境保护规划、生态保护建设规划、水资源规划和水土保持等与气候变化相关的制度性文件时，应当征求有关单位和社会的意见并进行科学论证，充分考虑气候变化及其应对对社会经济发展的影响，与国家应对气候变化的法律法规及政策保持一致。

第 49 条【标准与规范制定】

【拟规条为】 湖北省人民政府应经科学论证后，制定不低于国家应对气候变化的相关标准与规范，在本行政区域内适用，并报国家发展和改革委员会和相关主管部门备案。湖北省人民政府对国家在温室气体排放控制等减缓与适应气候变化未作规定的项目，可以制定地方标准和规范，并报国家发展和改革委员会和相关主管部门备案。

【解释】 青海省、山西省都没有规定标准制定事项。

中国社科院项目组对此有所规定。具体如下：第 78 条 国务院发展与改革部门会同国务院环境保护行政主管部门制定温室气体排放控制标准与监测规范。省、自治区、直辖市人民政府对温室气体排放控制标准与监测规范中未作规定的项目，可以制定地方标准和规范，并报国务院发展与改革部门和国务院环境保护行政主管部门备案。

我们对此条文的规定可理解为，省级人民政府应赋予制定与应对气候变化相关的标准和规范的权力。在有国家标准和规范的情况下，可根据本省实际情况，制定高于国家标准的地方性标准。在无国家标准和规范的情况下，可制定与其他国家标准和规范不冲突的地方性标准和规范。这样能进一步扩大地方应对气候变化的优势。

基于以上分析，我们给出的表述是：湖北省人民政府应经科学论证后，制定不低于国家应对气候变化的相关标准与规范，在本行政区域内适用，并报国家发展和改革委员会和相关主管部门备案。湖北省人民政府对国家在温室气体排放控制等减缓与适应气候变化未作规定的项目，可以制定地方标准和规范，并报国家发展和改革委员会和相关主管部门备案。

第 50 条【指导与检查】

【拟规条为】 各级人民政府及其有关部门应对用能单位开展经

常性监督。行使监督管理权的部门，有权对管辖范围内的温室气体排放单位进行现场检查，被检查单位应当如实反映情况，提供必要的资料。检查机关有义务为被检查单位保守检查中获取的商业秘密。对未完成温室气体减排任务、超过低碳标准排放温室气体和违反节能减排管理规定的单位，监管部门应当向社会公布、曝光，使其接受社会和媒体的监督。

【解释】青海省、山西省、中国社科院项目组以及国家发展和改革委员会的初稿都有指导与检查条款。具体表述如下：

青海省：第25条第2款 加强对用能单位经常性监督，对有色金属、建材、钢铁、化工、火力发电、煤炭等重点用能企业实行清洁生产审核、能源计量管理、能源消费统计和能源利用状况分析制度。

山西省：第56条 县级以上人民政府应当加强对能源生产和转换、工程过程等排放温室气体的单位进行经常性监督检查，对煤炭、火力发电、焦化、有色金属、建材、化工等重点企业实行清洁生产审计、能源计量管理、能源消费统计和能源利用状况分析制度，核定温室气体排放种类和排放量。

中国社科院项目组：第87条 各级人民政府及其有关部门应对用能单位开展经常性监督，对有色金属、建材、钢铁、化工、火力发电、煤炭等重点用能企事业单位实行能效监察和行政指导。各级人民政府及其有关部门可以根据本地的实际，与企事业单位签订节能减排协议，约定企事业单位的节能减排目标和需采取的措施，并按照协议的约定为企事业单位提供有关指导、服务和支持。依照本法规定行使监督管理权的部门，有权对管辖范围内的温室气体排放单位进行现场检查，被检查的单位应当如实反映情况，提供必要的资料。检查机关有义务为被检查的单位保守在检查中获取的商业秘密。

第88条 对未完成温室气体减排任务、超过低碳标准排放温室气体和违反节能减排管理规定的单位，监管部门应当向社会公布、曝光，使其接受社会和媒体的监督。

国家发展和改革委员会的初稿：第10条 县级以上人民政府

应对气候变化主管部门和其他负有控制温室气体排放管理监督职责的部门有权对管辖范围内的温室气体排放单位进行现场检查。被检查单位应当如实反映情况，提供必要的资料。实施现场检查的部门有义务被检查单位保守技术秘密和商业秘密。

四份气候变化法文本，都强调应对气候变化中的行为和活动进行必要的检查和指导。不同点在于，青海省文本中没有重点指出检查主管机构。而国家发展和改革委员会的初稿对于检查和指导主管机构的规定较为明确。

基于以上分析，我们给出的表述是：各级人民政府及其有关部门应对用能单位开展经常性监督。行使监督管理权的部门，有权对管辖范围内的温室气体排放单位进行现场检查，被检查单位应当如实反映情况，提供必要的资料。检查机关有义务为被检查单位保守检查中获取的商业秘密。对未完成温室气体减排任务、超过低碳标准排放温室气体和违反节能减排管理规定的单位，监管部门应当向社会公布、曝光，使其接受社会和媒体的监督。

第 51 条【对国家工作人员的处分】

【拟规条为】国家机关、事业单位和国有及国有控股企业工作人员在应对气候变化工作中，违反本办法规定，玩忽职守、徇私舞弊、滥用职权的，依法给予行政处分；情节严重，造成重大损失或构成犯罪的，依法追究法律责任。

【解释】在法律责任方面，青海和山西都没有专章规定。中国社科院项目组有专章规定，共计 11 条。在法律责任的对国家工作人员的处分条款中，中国社科院项目组和国家发展和改革委员会的初稿都有规定。具体表述如下：

中国社科院项目组：第 102 条 依照本办法规定行使监督管理权的部门，不依法作出行政许可或者办理批准文件的，发现违法行为或者接到对违法行为的举报后不予查处的，或者有其他未依本办法规定履行职责的行为的，对直接负责的主管人员和其他直接责任人员依法给予处分。

国家发展和改革委员会的初稿：第33条 应对气候变化主管部门或者依照本法规定行使管理监督权的部门，不依法履行法定职责或者滥用职权，有下列行为之一的，对直接负责的主管人员和其他直接责任人员依法给予行政处分：（一）不依法公开应对气候变化信息，情节严重的；（二）确定和分配温室气体排放份额徇私舞弊的；（三）对不符合条件的单位授予温室气体排放核查机构资质的；（四）泄露被检查单位商业和技术秘密的。对具有上款第二项行为，情节严重，构成犯罪的，依法追究刑事责任；对具有上款第四项行为，给被检查单位造成影响后果和损失的，应当依法承担赔偿责任。

中国社科院项目组和国家发展和改革委员会的初稿，都强调了应对气候变化主管部门违法应给予处分，以保障应对气候变化行动的公平性和公正性。二者的不同点在于，中国社科院项目组强调的违法行为为"不依法作出行政许可或者办理批准文件"，而国家发展和改革委员会的初稿则列举了四类违法行为。

我们认为，国家发展和改革委员会的初稿较为细致，但缺少兜底性条文，不能合理预见到未来存在的其他违法行为。而尽管中国社科院项目组规定的也较为具体，但应对气候变化对我们而言，是一个摸索的过程，我们没有过多的经验，因此，在制度设计上将法律责任规定得更宏观一些，有利于发现其中所存在的问题，并得到及时改正。而过于具体的内容则可能限制主管部门应对气候变化的灵活性。此外，建议稿中吸收了国家发展和改革委员会的初稿中的刑事责任规定。无疑，这将更全面体现应对气候变化各种法律责任的层级。①

基于以上分析，我们给出的表述是：国家机关、事业单位和国有及国有控股企业工作人员在应对气候变化工作中，违反本办法规定，玩忽职守、徇私舞弊、滥用职权的，依法给予行政处分；情节严重，造成重大损失或构成犯罪的，依法追究法律责任。

---

① 参见庄敬华：《〈气候变化应对法〉刑事责任条款探析》，载《中国政法大学学报》2015年第6期，第141~146页。

第六章 附　　则

第52条【概念用语含义】

【拟规条为】本法中下列用语的含义是：

（一）温室气体，是指大气中那些吸收和重新放出红外辐射的自然和人为的气态成分。包括二氧化碳（CO_2）、甲烷（CH_4）、氧化亚氮（N_2O）、氢氟碳化物（HFCs）、全氟化碳（PFCs）、六氟化硫（SF_6）和湖北省发展和改革委员会公布的其他气体物质。

（二）气候变化的减缓，是指通过经济、技术、管理等政策、措施和手段，努力控制温室气体排放，增加碳汇。

（三）气候变化的适应，是指采取积极主动的适应行动，充分利用有利因素，结合本地区实际情况，减少因气候变化造成的对自然和经济社会发展的不利影响。

（四）碳汇，是指从大气中清除温室气体、气溶胶或温室气体前体的任何过程、活动或机制。

【解释】第一个温室气体的定义，来自于《联合国气候变化框架公约》和《京都议定书》中的规定。也与国家发展和改革委员会的初稿和中国社科院项目组的规定基本一致。只是国家发展和改革委员会的初稿中增加了一个三氟化氮（NF_3）比《公约》中多出一个温室气体，因不知其来源，所以未将其纳入，仍按原六大温室气体对待。

第二个气候变化的减缓定义，是对国家发展和改革委员会的初稿和中国社科院项目组的综合。

第三个气候变化的适应定义，是在《国家适应气候变化战略》

文件基础上，参考国家发展和改革委员会的初稿和中国社科院项目组的规定，提出的表述。

第四个碳汇的定义，来源于《联合国气候变化框架公约》，与国家发展和改革委员会初稿的表述一致。

第 53 条【生效日期】

【拟规条为】本办法自 20××年×月×日开始实施。

附　录

一、《青海省应对气候变化办法》
二、《山西省应对气候变化办法》
三、《中华人民共和国气候变化应对法（中国社会科学院研究项目组征求意见稿）》

一、《青海省应对气候变化办法》

第一章 总 则

第一条 为加强应对气候变化工作，提高全社会应对气候变化的意识和能力，推动跨越发展、绿色发展、和谐发展、统筹发展，建设资源节约型、环境友好型社会，落实生态立省战略，根据相关法律、法规的规定，结合本省实际，制定本办法。

第二条 本办法所称应对气候变化，是指运用法律、经济、行政和科技等手段，对自然变化或者人类活动引起的气候变动造成的影响所采取的对策，包括气候变化的适应与减缓。

第三条 应对气候变化工作应当遵循结合实际、统筹规划、突出重点、科学应对、广泛合作、公众参与的原则。

第四条 各级人民政府应当组织、协调解决本行政区域内应对气候变化工作中的重大问题，督促辖区内国家机关、企业事业单位和社会组织落实应对气候变化工作目标和措施。

县级以上人民政府有关部门应当在各自职责范围内，做好应对气候变化的相关工作。

第五条 县级以上人民政府应当建立健全推动绿色发展的政策和机制，加快转变经济发展方式，加大绿色投入，在全社会倡导和树立绿色生产、绿色消费的理念。

国家机关、企业事业单位和社会组织应当严格遵守节能和生态环境保护法律法规及标准，强化管理措施，落实节能减排目标责任，积极参与应对气候变化的相关活动。

鼓励公众选择有利于减缓气候变化的消费模式和生活方式，自觉履行节能和生态环境保护义务。

第二章　适应气候变化

第六条　县级以上人民政府及其有关部门应当按照主体功能区规划的要求，调整和优化产业结构，加快绿色发展，逐步形成生态、资源、人口、经济相协调的发展格局。

第七条　坚持工程治理与自然修复相结合的方针，以保护生态环境为重点，加大三江源地区、青海湖流域等典型生态区生态环境的保护与建设，提高生态系统的稳定性和安全性。

第八条　县级以上人民政府应当制定水资源综合利用规划，合理开发和优化配置水资源，推进水土流失综合治理，严格执行国家取水许可、水资源有偿使用和节水用水管理制度，采取防治水污染的对策和措施，有效保护和利用水资源。

县级以上人民政府应当组织有关部门合理开发利用空中云水资源，开展以抗旱、防雹、水库增蓄、森林草原火灾扑救、生态环境保护等为目的的人工影响天气作业。

第九条　推进农牧业结构和种植结构调整，加强农业、牧业、林业基础设施建设，全面实施退耕还林、退牧还草、植树造林工程，坚持以草定畜、控制草原载畜量，扩大森林覆盖率，发展碳汇林业，遏制生态环境退化，增强农田、草原和森林的碳汇功能。

第十条　县级以上人民政府及其相关部门应当坚持发展旅游产业与建设生态文明相结合，科学利用原生态和自然生态旅游资源。

第十一条　铁路、交通、气象等部门应当加强铁路、公路沿线气象灾害及其次生、衍生灾害的监测、预警，开展多年冻土区铁路、公路冻胀、融沉等防治工程技术研究。

第十二条　省气象主管机构应当会同有关部门建立气候变化监测与评估系统，加强气候变化和极端气候事件的监测，开展气候变化对水资源、生态环境和敏感行业的影响评估，会同有关部门编制《青海省气候变化评估报告》，为适应和减缓气候变化及防灾减灾提供决策依据。

第十三条　积极开展气候可行性论证，规避气候变化带来的气候风险，对重大基础设施、大型工程建设、区域性经济开发、区域农牧业结构调整、大型太阳能、风能等气候资源开发利用建设项目进行气候可行性论证。

气候可行性论证的具体内容、程序，按照国务院气象主管机构的规定执行。

第三章　减缓气候变化

第十四条　县级以上人民政府应当严格执行国家和省发展循环经济、节约能源资源的法律法规和政策，建立落后产能退出机制，控制温室气体排放。

第十五条　县级以上人民政府及其环保等相关部门应当加强对辖区内废水、废气、固体废弃物排放单位的管理，推进城镇污水处理配套设施、中水回用设施及水质在线监测设施建设，开发先进的垃圾焚烧、填埋和回收技术，提高对废气、废水、废弃物的处理率，落实减排措施，削减污染排放。

第十六条　县级以上人民政府及其农牧等相关部门应当加强农村牧区环境综合整治，控制和减少农牧业活动中温室气体的排放量。

推广光伏发电、风能、太阳能灶、太阳能采暖房、牲畜暖棚等项目在农牧民生产生活中的应用。

鼓励、支持科研机构和企业开展秸秆综合利用技术开发，积极推广秸秆还田等技术的应用，帮助农民提高秸秆综合利用技能，禁止露天焚烧秸秆和其他烧荒活动。推进农村牧区改水、改厕、改圈工程，提高粪便处理和沼气利用普及率。

第十七条　国家机关、企业事业单位和社会组织等用能单位应当提高资源综合利用能力，采用节能新技术、新工艺、新设备、新材料，降低单位产值能耗和单位产品能耗，提高资源综合利用效率。

第十八条　企业事业单位应当加强内部管理，建立健全管理制度，采取措施降低资源消耗，减少废弃物的产生量和排放量，提高废弃物的循环利用和资源化水平。

企业应当定期开展节能减排教育和岗位节能减排培训。

第十九条　县级以上人民政府应当支持企业事业单位开展太阳能、风能、生物质能等可再生能源开发利用，推动太阳能光伏建筑一体化和太阳能路灯等节能系统在城镇建筑、基础设施中的应用。

鼓励和扶持在既有建筑节能改造和新建建筑中采用太阳能等可再生能源，减少建筑物采暖能耗。

第四章　保障措施

第二十条　县级以上人民政府应当把适应气候变化和控制温室气体排放目标作为制定中长期发展战略和规划的重要内容，鼓励社会各界多渠道筹集资金为应对气候变化提供资金支持。地方财政应当安排节能专项资金，支持节能技术研究开发、节能技术和产品的示范与推广、重点节能工程的实施等。

第二十一条　编制土地利用总体规划、城乡规划、环境保护规划、生态保护建设规划、水资源规划和水土保持规划等规划时，应当征求有关单位、社会组织、专家学者、公众和气象等部门的意见，并进行科学论证，充分考虑气候变化对经济社会发展的影响。

第二十二条　科技、文化新闻出版、广播电视、气象等部门和有关社会团体、新闻媒体应当开展形式多样的宣传教育和节能减排主题活动，普及气候变化知识，增强群众应对气候变化的意识。

教育主管部门应当将应对气候变化相关知识纳入到中小学教育教学内容中，使气候变化教育内容成为素质教育的组成部分。

第二十三条　鼓励有关部门和科研机构参加应对气候变化国内外合作，学习和应用先进技术和方法，提高应对气候变化能力。

第二十四条　县级以上人民政府及其工作部门，应当注重支持节能、节水、节地、节材、资源综合利用等项目的实施。

对依法列入节能技术、节能产品推广目录的项目和可再生能源开发利用项目，依法实行税收优惠等扶持政策。

第二十五条　县级以上人民政府和质量技术监督等部门应当积极推行节能产品认证、能效标识管理，运用市场机制，引导用户使用节能产品。

加强对用能单位经常性监督，对有色金属、建材、钢铁、化工、火力发电、煤炭等重点用能企业实行清洁生产审核、能源计量管理、能源消费统计和能源利用状况分析制度。

第二十六条　县级以上人民政府应当每年向上一级人民政府报告应对气候变化职责履行情况，并将节能减排指标完成情况纳入地方经济社会发展综合评价和年度考核体系，作为政府领导干部综合考核评价和国有及国有控股企业负责人业绩考核的重要内容。

第五章　附　　则

第二十七条　本办法中下列用语的含义是：

适应气候变化：是指人和自然对于实际的或预期的气候刺激及其影响所做出的趋利避害的反应。

减缓气候变化：是指人类通过削减温室气体的排放源和增加温室气体的吸收而对气候系统实施的干预。

第二十八条　本办法自 2010 年 10 月 1 日起施行。

二、《山西省应对气候变化办法》

第一章　总　　则

第一条　为控制温室气体排放，提高减缓与适应气候变化的能力，增强全社会应对气候变化的意识，推动转型发展、跨越发展，建设资源节约型、环境友好型社会，促进经济发展与人口、资源、环境相协调，根据《中国应对气候变化国家方案》等相关规定，结合本省实际，制定本办法。

第二条　本办法所称应对气候变化，是指运用法律、经济、行政和科技等手段，对自然变化或者人类活动引起的气候变化造成的影响所采取的对策，包括气候变化的适应和减缓。

第三条　应对气候变化应根据科学发展观的要求，坚持在可持续发展框架下应对气候变化的原则，遵循《联合国气候变化公约》规定的"共同但有区别的责任"原则、减缓与适应并重的原则，将应对气候变化的政策与其他相关政策有机结合的原则，依靠科技进步和科技创新的原则，积极参与、广泛合作的原则。

第四条　各级人民政府应当组织、协调解决本行政区域内应对气候变化工作中的重大问题，督促本行政区域内国家机关、企事业单位和社会组织落实应对气候变化相关工作目标和措施。

县级以上人民政府有关部门应当在各自职责范围内做好应对气候变化的相关工作。

第五条　县级以上人民政府应当建立健全推动低碳发展的政策和机制，加快转变经济发展方式，加大低碳投入，在全社会倡导和树立低碳生产、低碳消费的理念。

国家机关、企业事业单位和社会组织应当严格遵守节能和生态环境保护法律、法规及标准，强化管理措施，落实节能减排目标责任制，积极参与应对气候变化的相关活动。

鼓励公众选择有利于减缓气候变化的消费模式和生活方式，自觉履行节能和生态环境保护义务。

第六条　各级发展和改革部门是本行政区域内应对气候变化工作的组织协调管理部门，负责会同有关部门研究提出应对气候变化工作的规划和政策，协调开展应对气候变化领域的对外合作和能力建设，并对相关工作进行审核、监督、管理。

第二章　减缓气候变化

第七条　县级以上人民政府应当严格执行国家及省发展循环经济、节约能源资源的法律法规和政策，制定和完善有利于减缓温室气体排放的相关政策，建立落后产能退出机制，降低温室气体排放强度。

第八条　努力建设"气化山西"。大力实施煤层气、焦炉煤气、天然气和煤制天然气"四气产业"一体化战略，提高清洁能源使用比重。鼓励清洁、低碳能源开发和利用，增加可再生能源和其他非化石能源的使用比例，优化能源结构。提高煤的清洁高效开发和利用技术，逐步降低煤炭在一次能源中的比例，减缓由能源生产和转换过程产生的温室气体排放。

第九条　逐步推行建设项目温室气体排放评价制度，建立和完善建设项目温室气体排放强度评价指标体系、评价标准和评价办法，核定建设项目温室气体排放总量。

第十条　推行能源节约举措，降低能源消耗。优化火电结构，加快淘汰落后的小火电机组，发展单机 600MW 及以上超（超）临界机组、大型联合循环机组等高效、洁净发电技术，降低发电的单位煤耗；发展热电联产、热电冷联产和热电气多联供技术；加强电网建设，采用先进的输、变、配电技术和设备，降低输、变、配电损耗。

第十一条　因地制宜开发小水电资源。在保护生态的基础上有序开发水电，把发展水电作为促进山西能源结构向清洁低碳化方向发展的重要措施。

第十二条　鼓励发展煤层气产业，对地面抽采项目实行探矿权、采矿权使用费减免政策，对煤矿瓦斯抽采及其他综合利用项目实行税收优惠政策，煤矿瓦斯发电项目享受可再生能源法规定的鼓励政策，最大限度地减少煤炭生产过程中能源浪费和甲烷排放。

第十三条　积极扶持风能、太阳能、地热能等可再生能源的开发和利用，深化风能、太阳能资源区划。鼓励火电企业和其他相关企业开发建设大规模的风电场和光伏电站。支持风电制造业技术进步和太阳能电池的深度开发，实现风电、光能设备国产化。积极发展太阳能采暖、制冷、日光温室、太阳灶等多种方式的太阳能利用设施。积极推进地热能开发利用，推广满足环境和水资源保护要求的地热资源供暖、供热水和地源热泵技术，研究开发深层地热发电技术。合理确定可再生能源电价，为可再生能源上网提供优惠条件。

第十四条　大力推进农作物秸秆、沼气等生物质能源的开发和利用。在粮食主产区等生物质能源资源较为丰富的地区，按照规划建设和改造以秸秆为燃料的发电厂和中小型锅炉。在有条件的地区鼓励建设垃圾焚烧发电厂。在规模化畜禽养殖场、城市生活垃圾处理场等建设沼气工程，合理配套沼气利用设施。大力推广沼气和农林废弃物气化技术，提高农村地区生活用能的燃气比例。

第十五条　加强能源资源的高效利用和清洁利用，提高能源资源的利用效率。支持焦炉煤气制甲醇和发电等综合利用，减少焦炉煤气放散产生的二氧化碳排放。支持水泥等行业的工业窑炉、冶金企业高炉、焦炉等工业余热的回收利用，减少煤炭等化石能源的消耗。

第十六条　严格执行国家及省有关产业政策和行业准入标准，健全强制淘汰高能耗的落后工艺、技术和设备制度，依法淘汰落后的能耗过高的用能产品、设备，禁止生产、进口和销售达不到最低能效标准的产品。控制高耗能、高污染和高排放生产工艺和产品的生产，强化电力、钢铁、焦化、有色金属、化工、建材等重点行业以及交通运输、农业机械、建筑、商业和民用等行业的节能技术开发和推广。

第十七条　加快转变经济发展方式，按照"以煤为基、多元发展"的思路，改造提升传统产业，鼓励煤炭企业多元发展，积极发展现代煤化工，加大煤炭资源深加工力度，延长煤炭产业链，实现高碳产业低碳发展。培育壮大现代装备制造业、新型材料工业、特色食品工业、现代物流、生产性服务业、旅游等新兴产业。提高经济发展水平，努力降低单位 GDP 温室气体排放强度。

第十八条　进一步促进工业领域的清洁生产和循环经济的发展，在满足经济社会发展对工业产品基本需求的同时，尽可能减少水泥、石灰、钢铁、电石等产品的使用量，最大限度地减少这些产品在生产和使用过程中二氧化碳等温室气体的排放。要采用先进技术，优化工艺流程，打造煤电铝、煤焦化、煤气化、煤电材等资源循环产业链，提高煤矸石、粉煤灰、矿井瓦斯、矿井水资源综合利用水平。

第十九条　加强生态农业建设，推广科学合理使用化肥、农药技术，大力加强耕地质量建设，推广秸秆还田和少耕免耕技术，减少农田氧化亚氮排放，增加农田土壤碳贮存。研究开发优良反刍动物品种技术、规模化饲养管理技术，加强对动物粪便、废水和固体废弃物的管理，加大沼气利用，降低畜产品的甲烷排放强度。

第二十条　继续深入推进造林绿化工程，不断提高森林覆盖率。全面实施十大林业生态建设工程、五大林业产业开发工程和六大森林资源保护工程，加快推进晋北晋西北防风固沙、太行山土石山区水源涵养、吕梁山黄土高原水土保持和平川盆地防护经济林等四大生态屏障建设，积极推进煤矿采空区植被恢复工程，全面提升森林生态功能等级，增加林木蓄积量和森林碳贮存，增加陆地碳汇贮存和吸收汇。

第二十一条　提高垃圾的资源综合利用率，从源头上减少垃圾产生量。提高填埋场产生的可燃气体的收集利用水平，减少垃圾填埋场的甲烷排放量。大力研究开发和推广利用先进的垃圾焚烧技术、垃圾填埋气回收利用和堆肥技术，鼓励企业建设填埋气体收集利用系统。提高垃圾处理费征收标准，对垃圾填埋气体发电和垃圾焚烧发电的上网电价给予优惠。

第二十二条　国家机关、企业事业单位和社会组织等用能单位应当提高资源综合利用能力，采用节能新技术、新工艺、新设备、新材料，降低单位产值能耗和单位产品物耗，提高资源综合利用效率。

第二十三条　企业事业单位应当加强内部管理，建立健全管理制度，采取措施降低资源消耗，减少废弃物的产生量和排放量，提高废弃物的循环利用和资源化水平。

第二十四条　加快发展绿色、低碳建筑，严格执行新建建筑节能标准，加大既有建筑节能改造力度，提高可再生能源建筑应用水平和规模，加快建筑节能科技创新，推动建筑节能技术应用和示范项目建设。鼓励和扶持在既有建筑节能改造和新建建筑中采用太阳能等可再生能源，减少建筑物采暖耗能。

第二十五条　县级以上人民政府应当支持企业事业单位开展太阳能、风能、生物质能等可再生能源开发利用，推动太阳能光伏建筑一体化和太阳能路灯等节能系统在城镇建筑、基础设施中的应用。

第三章　适应气候变化

第二十六条　县级以上人民政府及其有关部门应当按照主体功能区规划和生态功能区划的要求，依据生态承载能力和环境功能要求，合理进行产业布局和资源开发，调整和优化产业结构，加快绿色发展，逐步形成生态、资源、人口、经济相协调的发展格局。

第二十七条　加强农业基础设施建设和农田基本建设。加快实施以节水改造为中心的大型灌区续建配套和小型农田水利建设，继续推进节水灌溉示范，积极发展节水旱作农业，加大中低产田治理力度，加快丘陵山区和干旱缺水地区雨水集蓄利用工程建设，提高农田抗旱标准，提高农业用水效率。

第二十八条 不断增强农业适应气候变化能力。要加强气候变化对我省农业的综合影响评估，组织开展精细化农业气候区划，根据自然条件、社会经济发展水平和气候变化特点，及时调整农业结构，优化农业区域布局，改进种植制度和耕作制度，在适宜区域发展多熟制，提高复种指数，增强农业固碳能力。

第二十九条 积极选育和推广产量潜力高、品质优良、综合抗性突出和适应性广的优良动植物新品种，提高农业抗旱、抗涝、抗高温、抗病虫害等适应气候变化的能力。

第三十条 强化对森林资源和自然保护区、湿地等自然生态系统的有效保护，研究选育耐寒、耐旱、抗病虫害能力强的树种，提高森林植物在气候适应和迁移过程中的竞争能力和适应能力，不断增加森林覆盖率，提高生态系统的稳定性和安全性。

第三十一条 加强森林防火，建立完善的森林火灾预测预报、监测、扑救助、林火阻隔及火灾评估体系。加强森林病虫害控制，进一步建立健全森林病虫害监测预警、检疫御灾及防灾减灾体系，扩大生物防治。

第三十二条 开发和利用生物多样性保护和恢复技术，特别是森林和野生动物类型的自然保护区、湿地保护和修复、濒危野生动植物物种保护等相关技术，降低气候变化对生物多样性的影响。

第三十三条 坚持工程治理与自然修复相结合的方针，以保护生态环境为重点，加大重点流域和地区典型生态区生态环境的保护与建设，积极推进汾河流域生态环境治理修复与保护以及对三川河、涑水河、丹河、桑干河、七里河、十里河、滹沱河、浊漳河、文峪河等河流的全面治理，提高生态系统的稳定性和安全性。尤其要加强对典型生态敏感及脆弱区的生态保护，对生态环境脆弱的牧区、林区、矿区和重要的生态功能区，依法设立禁采区、禁垦区、禁伐区和禁牧区。

第三十四条 积极推进矿山生态恢复，提高矿区生态环境质量。加强矿山生态环境保护，同步治理矿区"三废"和地表沉陷，大力推进土地复垦并进行生态重建。通过矿区造林绿化、矿区现有森林抚育及保护、矿区荒漠化治理、湿地恢复等工程，恢复矿区植被，保护矿区生物多样性。

第三十五条　科学规划和合理利用地表水、地下水资源，积极开发空中云水资源，增加可供水量。严格执行用水总量控制制度、用水效率控制制度和水功能区限制纳污制度。加强水利基础设施的规划和建设，加强水资源控制工程建设、灌区建设与改造，提高水利设施调蓄区域性、季节性水资源的能力，提高水资源对气候变化的适应能力，推进水土流失综合治理。

第三十六条　加大水资源配置、综合节水技术的研发与推广力度。重点研究开发大气水、地表水、土壤水和地下水的转化机制和优化配置技术，积极支持开展以抗旱、防雹、水库增蓄、森林火灾扑救、生态环境保护等为目的的人工影响天气作业。

加强节水型社会建设，深入推进节水型城市、单位、企业（校园、小区）创建，提高水资源利用率。严格执行国家取水许可、水资源有偿使用和节约用水管理制度，研究开发工业用水循环利用技术，加强生活节水技术、器具开发和排污管理，促进废水、污水循环利用。

第三十七条　气象主管机构应当会同有关部门建立温室气体监测统计系统和气候变化监测评估系统，加强对气候变化和极端气候事件的监测，增强对干旱、高温、洪涝、霜冻等气象灾害及其次生、衍生灾害的预测、预警和信息发布能力。提高对气候变化的预测能力，开展对农业、林业、水资源、生态环境和敏感行业的气候变化影响评估，编制气候变化评估报告，为适应和减缓气候变化及防灾减灾提供决策依据。

第三十八条　积极开展应对气候变化可行性论证，规避气候变化带来的气候风险，对重大基础设施、大型工程建设、区域性经济开发、区域农牧业结构调整、大型太阳能、风能等气候资源开发利用建设项目进行气候变化影响评估及气候可行性论证。

第四章　温室气体排放管理

第三十九条　开展温室气体清单编制工作，分类统计区域能源活动、工业生产过程、农业活动、土地利用变化和林业、城市废弃物处理等部门温室气体排放种类和排放量,掌握区域温室气体排放源和吸收汇特征。

第四十条 开展环境温室气体浓度监测,掌握温室气体时空变化规律,为控制区域温室气体排放和制定应对气候变化政策提供依据。

第四十一条 研究主要行业、生产工艺和装备水平下温室气体排放情况,确定行业温室气体排放系数,探索建立低碳产品标准、标识和认证制度;在制定和修改产业政策时,要充分考虑单位产值温室气体排放量这一重要因素,限制超额温室气体排放工艺的使用和产品的生产。

第四十二条 根据国家温室气体减排目标,实行区域温室气体总量控制和企业温室气体总量控制,将单位 GDP 二氧化碳排放强度纳入各级政府和企业的目标责任制和评价考核体系。

第四十三条 建立以环境温室气体浓度、行业温室气体排放系数、区域和重点企业温室气体排放量等为主要内容的温室气体排放数据库,为开展应对气候变化研究、制定应对气候变化政策、预测未来温室气体排放情景提供技术支撑,为温室气体目标管理提供依据。

第四十四条 积极支持发展温室气体吸收汇,支持二氧化碳捕获、利用及封存技术研究和项目实施。鼓励企业通过清洁生产机制降低温室气体排放量。

第五章　保障措施

第四十五条 各级人民政府应当建立地方应对气候变化的管理体系和工作机构,研究确定应对气候变化的重大战略、方针和政策,协调解决应对气候变化工作中的重大问题。把适应气候变化和控制温室气体排放目标作为制订中长期发展战略和规划的主要内容,根据本地区地理环境、气候条件、经济发展水平等方面的具体情况,因地制宜地制定应对气候变化的相关政策措施,并认真组织实施。

第四十六条 编制土地利用总体规划、城乡规划、环境保护规划、生态保护建设规划、水资源规划和水土保持规划等规划时，应当征求有关单位、社会组织、专家学者、公众和气象部门的意见，并进行科学论证。要充分考虑气候变化对经济社会发展的影响，合理引导资源开发和配置、产业发展和生产力布局等，大力培育区域生态经济和循环经济体系。

第四十七条 县级以上人民政府应当建立相对稳定的政府资金渠道，支持气候变化应对工程建设及相关科技研发工作，并确保资金落实到位、使用高效。吸收社会资金投入气候变化的科技研发工作，将科技风险投资引入气候变化领域。充分发挥企业作为技术创新主体的作用，引导企业加大对气候变化领域技术研发的投入。

第四十八条 采取鼓励和优惠措施，吸引国内外企业、金融机构和民间资本投入，建立健全多元化绿色低碳投融资和环境资源生态补偿机制。逐步建立温室气体排放权有偿使用和碳交易市场，充分发挥市场的资源配置作用，实现温室气体总量控制前提下的环境资源合理调配。

第四十九条 加强气候变化相关科技工作的宏观管理与协调，加强气候变化科技领域的人才队伍建设，建立气候变化专家库。鼓励有关部门和科研机构参加应对气候变化国内外合作，学习和应用先进技术和方法，提高应对气候变化能力。

第五十条 推进气候变化重点领域的科学研究与技术开发工作。加强气候变化的科学事实与不确定性、气候变化对经济社会的影响、应对气候变化的经济社会成本效益分析和应对气候变化的技术选择与效果评价等重大问题的研究。加强气候观测系统建设，开发气候变化监测技术、温室气体减排技术和气候变化适应技术等。重点研究开发气候变化准确监测技术、气象灾害预测预警技术、提高能效和清洁能源技术、主要行业二氧化碳、甲烷等温室气体的排放控制与处置利用技术、生物固碳技术及固碳工程技术等。

第五十一条 各级人民政府应当进一步提高政府领导干部、企事业单位决策者的气候变化意识，逐步建立一支具有较高全球气候变化意识的干部队伍。

第五十二条　科技、文化、新闻出版、广播电视、气象等部门和有关社会团体、新闻媒体应当利用多种传媒途径，开展形式多样的宣传教育和节能减排主题活动，普及气候变化知识，倡导低碳生活，增强公众应对气候变化的意识。

第五十三条　教育主管部门应当加强气候变化知识的教育和普及，培养学生形成低碳、节能、环保的意识和行为，为有效应对气候变化创造良好的社会氛围。

第五十四条　建立公众和企业界参与的激励机制，发挥企业参与和公众监督的作用。完善气候变化信息发布的渠道和制度，增加有关气候变化决策的透明度，促进气候变化领域管理的科学化和民主化。

第五十五条　县级以上人民政府及其部门，应当注重支持节能、节水、节地、节材、资源综合利用等项目的实施。对依法列入节能技术、节能产品推广目录的项目实行鼓励政策，并将节能产品纳入政府采购目录。积极支持可再生能源开发利用、低碳排放和碳汇项目的申报和实施。

第五十六条　县级以上人民政府应当加强对能源生产和转换、工程过程等排放温室气体的单位进行经常性监督检查，对煤炭、火力发电、焦化、有色金属、建材、化工等重点企业实行清洁生产审计、能源计量管理、能源消费统计和能源利用状况分析制度，核定温室气体排放种类和排放量。

第五十七条　县级以上人民政府应当每年向上一级人民政府报告应对气候变化职责履行情况，将温室气体减排指标完成情况纳入地方经济社会发展综合评价和年度考核体系，作为政府领导干部综合考核评价和国有及国有控股企业负责人业绩考核的重要内容。

三、《中华人民共和国气候变化应对法（中国社会科学院研究项目组征求意见稿）》

《中华人民共和国气候变化应对法》已由中华人民共和国第　届全国人民代表大会常务委员会第次会议于　年　月　日通过，现予公布，自　年　月　日起施行。

中华人民共和国主席

年　月　日

目　录

第一章　总　　则

第一条【目的依据】 为控制和减少温室气体的排放，科学应对全球和区域气候变化，促进我国经济和社会的可持续协调发展，

216

制定本法。

第二条【适用范围】在中华人民共和国境内和管辖的其他海域,国家、企事业单位、社会团体、个人开展与气候变化相关的经济、社会、文化、生活等活动,适用本法。

排放属于大气污染物的温室气体,具体的监督管理措施适用大气污染防治法律法规的规定。

第三条【指导方针】气候变化应对坚持以节约能源、更新能源结构、优化产业结构、发展低碳经济、加强生态保护和建设为重点,以科学技术进步和创新为支撑,加强宣传教育,促进国际合作,不断提高气候变化应对的能力,为保护全球和区域气候作出积极贡献。

第四条【可持续协调发展原则】气候变化应对坚持绿色和低碳发展,统筹气候保护和经济、社会协调发展的原则。

第五条【科学应对原则】坚持科学应对气候变化的原则,依靠科技进步、创新和科学管理积极应对气候变化。

气候变化应对应当充分发挥科技进步、科技创新和技术引进在减缓和适应气候变化中的先导性和基础性作用,大力发展清洁能源技术和节能新技术,促进碳吸收技术和各种适应性技术的发展,实现经济和社会运行的全过程节能减排。

第六条【减缓与适应并重原则】气候变化应对坚持适应与减缓并重的原则。减缓与适应的措施应当协调一致、同等并重。

第七条【自愿减排和强制减排相结合原则】气候变化应对坚持自愿减排和强制减排相结合的原则。国家采取经济激励措施,鼓励企事业单位开展自愿减排。

第八条【政策协调原则】气候变化应对坚持将气候变化应对的政策与其他相关政策相协调的原则。

国家经济、社会、文化发展的政策应当和气候变化政策相协调,符合气候变化应对的要求。各级人民政府应当把节能减排、更新能源结构、加强生态保护和建设、提高农业综合生产能力等要求纳入气候变化应对的政策体系。

第九条【社会参与原则】气候变化应对坚持社会参与的原则。

国家采取措施，鼓励和引导企事业单位、社会团体和个人参与气候变化政策和立法的制定、实施和监督，鼓励和引导企事业单位、社会团体和个人参与气候变化应对科技进步、科技创新、科技成果应用、宣传教育和经济产业的发展。

第十条【规划制度】 县级以上人民政府应将气候变化的减缓和适应工作纳入国民经济和社会发展规划中统筹考虑、协调推进。未实现温室气体减排目标的，地方人民政府还应当制定区域减排达标规划。

国家制定气候变化应对的中长期规划和年度实施纲要。国务院各部门把温室气体减排目标和气候变化适应目标作为本部门专门规划的重要依据。县级以上人民政府把控制和减少温室气体排放和适应气候变化目标作为本行政区域国民经济和社会发展规划的重要依据。

第十一条【政府责任制度】 地方各级人民政府对本行政区域的气候变化应对工作负责。

国家实行气候变化应对目标责任制和考核制度，将区域节能减排目标、单位 GDP 能效作为地方人民政府及其主要负责人考核评价的重要内容。

第十二条【总量控制、低碳标准与交易制度】 国家对能源开采和利用实行总量控制制度。企事业单位利用能源不得低于国家或者地方规定的低碳标准，排放温室气体不得超过规定的配额。

国家建立温室气体排放配额交易和企业内部减增挂钩制度，鼓励重点排放单位节能减排，将节余的排放配额上市交易或者用于本单位新建、改建、扩建项目。

第十三条【排放收费/税制度】 国家对温室气体排放实行排污收费或者征收碳税制度。

属于大气污染物的温室气体，由国务院环境保护行政主管部门会同国务院价格等行政主管部门制定排污收费条件和标准。

不属于大气污染物的温室气体，由国务院发展与改革部门会同国务院税务等行政主管部门制定碳税征收条件和标准。超过核定豁免排放配额排放且不能通过企业内部减增挂钩、市场交易手段取得不足的排放配额的企事业单位，除了依法缴纳碳税外，还应当就不足的排放配额向当地发展与改革部门缴纳温室气体排放配额费。

第十四条【信息公开制度】国家实行气候变化信息公开制度，各级人民政府和排放企事业单位应当定期公开有关气候变化应对的信息，阐明气候变化应对的政策和行动。

第十五条【转变生产方式政策】国家建立绿色和低碳GDP发展机制，大力开展节能减排，发展清洁能源，转变经济增长方式，促进经济向高能效、低能耗、低排放模式转型。

第十六条【低碳科技和经济政策】国家采取财政、金融、税收、投资等措施，鼓励和支持低碳科学技术的研发，推广经济适用的低碳技术和产品，推进绿色和低碳产业的发展。

第十七条【宣传教育政策】国家采取措施，积极开展气候变化应对的宣传教育，提高全社会应对气候变化的科学素质和参与意识。

第十八条【表彰奖励政策】国家建立气候变化应对表彰奖励制度，对在气候变化应对中做出显著成绩的地区、单位和个人，由国务院和地方各级人民政府及其有关部门给予表彰和奖励。

第二章　气候变化应对的职责、权利和义务

第十九条【国家层次的统筹协调机构】国务院设立气候变化应对部级协调委员会。委员会由国务院发展与改革、商务、财政、科技、税务、环境保护、国土资源、交通运输、农业、林业、海洋、气象等相关部门负责人组成。委员会主任由国务院总理担任，委员会副主任由分管国务院发展与改革部门的国务院副总理担任。

气候变化应对部级协调委员会办公室负责气候变化应对部级协调委员会的日常工作。办公室设在国务院发展与改革部门。办公室主任由国务院发展与改革部门负责人担任。

第二十条【部级协调委员会的职责】气候变化应对部级协调委员会主要负责以下工作：

（一）评估气候变化和气候变化应对措施对国民经济和社会发

展的影响；

（二）向国务院提出气候变化应对方针和目标的建议；

（三）向国务院提出气候变化应对的中长期规划和年度行动方案的建议；

（四）向国务院提交气候变化应对的年度报告；

（五）协调有关部门制定气候变化应对的规划和政策措施；

（六）向国务院提出建立温室气体排放控制指标体系和温室气体排放配额、配额交易政策的建议；

（七）向国务院提出气候变化国际合作和国际谈判的对策建议。

第二十一条【国家气候变化专家小组】国务院成立气候变化应对专家咨询小组，在气候变化应对部级协调委员会办公室领导下开展工作。小组由经济、科技、文化、法律、外交等方面的专家组成，为国务院及其有关部门提供相关的政策建议。

第二十二条【国家层次的职责分工】国务院发展与改革部门对全国的气候变化应对工作实行统一指导、协调和监督。国务院环境保护行政主管部门对属于大气污染物的温室气体的防治工作实行统一监督管理。

国务院外交、商务、财政、科技、税务、国土资源、交通运输、农业、林业、海洋、气象等行政主管部门在各自的职责范围内，对有关气候变化应对工作实施监督管理。

国务院国有资产管理部门应将节能减排完成情况作为对主管的国有及国有控股企事业单位负责人业绩考核的重要内容。

第二十三条【地方层次的职责分工】各省级人民政府根据情况设立省级气候变化应对协调委员会及其办公室，并在省级气候变化应对协调委员会办公室的领导下成立专家小组。小组由经济、科技、文化、法律、外交等方面的专家组成。

地方人民政府发展与改革部门对本行政区域的气候变化应对工作实行统一指导、协调和监督。地方人民政府环境保护行政主管部门对属于大气污染物质的温室气体的防治工作实行统一监督管理。

地方人民政府商务、财政、科技、税务、国土资源、交通运输、农业、林业、海洋、气象等行政主管部门在各自的职责范围内，对本行政区域有关气候变化应对工作实施监督管理。

地方人民政府国有资产管理部门应将节能减排完成情况作为对主管的国有及国有控股企事业单位负责人业绩考核的重要内容。

第二十四条 **【行政监督与权力监督】** 上级人民政府应当加强对下级人民政府气候变化应对工作的业务指导、技术培训和监督检查。

各级人民政府应当每年向同级人民代表大会常务委员会报告气候变化应对职责履行情况。

第二十五条 **【企事业单位的义务和权利】** 企事业单位应建立健全制度，采取有效措施控制和减少其生产经营活动排放的温室气体，协助监督管理部门实施气候变化应对的政策措施。

企事业单位应当开展节能减排教育和岗位节能减排培训，改革工艺，改进技术，提高能源利用效率，减少温室气体的排放。

企事业单位有参与气候变化应对科技研发、产业发展等相关活动的权利。

第二十六条 **【行业等的角色和权利】** 国家鼓励和支持行业协会和学会在控制和减少温室气体排放、发展低碳技术中发挥技术指导、技术服务和行动协调作用。

国家鼓励和支持中介机构开展有关低碳生活的宣传教育、科技研发、技术推广和咨询服务。

第二十七条 **【社会组织的角色和权利】** 社会团体和其他社会组织应当对其活动所产生的温室气体负责，采取有效措施控制和减少温室气体的排放。

社会团体和其他社会组织应当协助政府实施气候变化应对的政策措施，开展宣传教育活动，提高全社会应对气候变化的意识，并在行业节能减排规划、节能减排标准的制定和实施、节能减排技术推广、能源消费统计、节能减排宣传培训和信息咨询等方面加强交流与合作。

社会团体和其他社会组织依法享有气候变化应对的知情、参与、建议和监督的权利，并有权举报违反温室气体排放控制法律法

221

规的行为。

第二十八条【公民的义务和权利】公民应自觉树立能源节约和应对气候变化的意识，努力采取低碳环保的生产生活方式，努力配合国家及地方人民政府实施的气候变化应对政策措施。

公民依法享有气候变化应对的知情、参与、建议和监督的权利，并有权举报违反温室气体排放控制法律法规的行为。

第三章　气候变化的减缓措施

第一节　综合措施

第二十九条【总体要求】气候变化的减缓措施应当科学、经济、公平、合理，符合国内有关报告、监测、核查的规定。

各级人民政府定期对气候变化减缓措施和效果进行评估，并采取改进措施。

排放单位应定期评估和报告温室气体排放控制和减少措施和效果，并针对存在的问题采取相应的改进措施。

第三十条【能源结构】国家通过政策引导、资金支持和科技研发，国家采取措施更新能源结构，鼓励开发和利用经济适用的水电、风能、太阳能、地热能、海洋能、生物质能等清洁或者新能源的发展，减少化石能源的利用。

第三十一条【产业结构】国家采取措施优化产业结构，严格控制各类产业发展中的温室气体排放，增加碳汇。

国家采取措施，优先发展节约能源、减少温室气体排放、增加碳汇的低碳产业，加强传统产业的技术改造和升级，培育和壮大战略性新兴产业，加快发展服务业。

国务院发展与改革部门会同国务院财政、科技、税务、信贷等行政主管部门发布低碳产业名录，制定激励政策，支持低碳产业发展。

第三十二条【鼓励低碳生产与淘汰落后】国务院发展与改革部门会同国务院工业、科技、环境保护等行政主管部门定期发布低碳生产工艺设备的导向目录,鼓励企事业单位更新能源利用结构,促进低碳利用技术的提高。

国家加快淘汰落后产能,对不符合节能减排要求的技术、工艺、设备实行强制淘汰制度。对存在落后技术、设备和工艺的企事业单位,要予以公布,责令限期淘汰。具体名录由国务院发展与改革部门会同工业、科技、环保行政主管部门发布。

国务院发展与改革部门会同国务院工业、科技、环境保护、商务等行政主管部门制定高耗能产品能耗限额、主要终端用能产品能效等强制性国家标准,定期发布落后的高耗能产品目录,鼓励用户选用低碳产品。

第三十三条 【技术改造与节约能源】 国家鼓励研发和推广节约能源、减少温室气体排放的生产工艺和设备。

国务院发展与改革部门会同国务院工业、建设等行政主管部门制定能源开采和加工控制标准,加强电力系统改造,减少能源在开采、加工和输送过程中的损耗。

国家加快集中供热和制冷体系建设,减少能量在输送过程中的损耗。

国家推动重点领域、重点行业和重点企事业单位节能减排,鼓励和支持企事业单位开展节能减排技术改造,降低单位产值能耗和单位产品能耗。

第三十四条 【节能减排责任书】 国家制定节能减排目标和方案。

县级以上人民政府应当自上而下逐级签订节能减排责任书,规定下级人民政府的节能减排目标和任务。上级人民政府对下级人民政府的节能减排目标完成情况和温室气体减排方案实施情况进行监督检查和考核。

国务院以温室气体排放源全国普查数据和我国的温室气体减排目标为基准,确定全国范围内重点排放单位的排放总配额,总配额按照重点行业和行政区划分配。县级以上地方人民政府根据本行政区域获得的配额,自上而下逐级分解到重点行业和重点排放单位。

第三十五条 【低碳区域试点】 国家推进低碳省级行政区域和

低碳城市试点工作。试点区域应编制低碳试点工作实施方案，提出本地区单位 GDP 能效及温室气体年度和中长期减排目标，并积极转变经济发展方式，明确重点领域、政策措施和步骤，部署重点行动，推进低碳发展重点工程，大力发展低碳产业，促进绿色和低碳发展。

国家鼓励符合条件的社区开展低碳社区建设试点。

具体办法由国务院发展与改革部门会同国务院环境保护、建设、民政等行政主管部门制定。

第三十六条【区域补偿与补助】国家建立气候变化应对区域补偿机制，对青藏高原等具有特殊气候保护意义的地区开展生态保护与建设、提高碳汇提供资金补偿。

国家建立气候变化应对区域和行业补助机制，对遭受气候变化危害或威胁的区域和行业给予资金补助。

气候变化应对区域补偿资金和区域、行业补助资金由气候变化应对政府基金提供。具体办法由国务院制定。

第二节　专门措施

第三十七条【生活和工作要求】国家倡导绿色、低碳生活和工作方式，鼓励使用低能耗产品和服务，逐步推行家居和工作碳消耗的可测量化。

第三十八条【排放配额】重点排放单位应当在配额范围内排放温室气体，不得超过配额排放。

各级地方人民政府根据国家和地方温室气体减排目标，对现有重点排放单位开展排放配额初次分配。配额的初次分配应当参考同行业的平均排放强度和水平，公平合理地进行。

第三十九条【豁免排放配额】除了属于大气污染物质的温室气体外，国家对排放温室气体的重点单位经核定免费给予豁免排放配额。豁免配额的核定应当参考同行业的平均排放强度和水平进行。

具体办法由国务院发展与改革等部门制定。

第四十条【排放配额的获取】 新建、改建、扩建重点项目需要排放温室气体且排放量超过核定豁免排放配额的，现有重点排放单位排放温室气体超过核定豁免排放配额的，应当通过企业内部减增挂钩、市场交易手段取得不足的排放配额，或者依据温室气体的性质向当地发展与改革部门或者环境保护行政主管部门有偿申请不足的排放配额。

新建、改建、扩建重点项目的能效未达到低碳标准的，不能申请温室气体排放配额或者通过企业内部减增挂钩、市场交易手段取得温室气体排放配额。现有排放单位的能效未达到低碳标准的，应当限期采取节能减排措施。

第四十一条【交通体系措施】 国家加快现有交通体系的优化和低碳化改造，大力发展清洁能源汽车、公共交通，倡导低碳出行。

国家机关、事业单位等财政拨款的单位应当采取限制和补贴相结合的措施，加强车辆管理，引导工作人员优先选择公共交通工具，减少专用交通工具的使用。

地方各级人民政府应当为本行政区域内的交通运输企业分配核定豁免排放配额。核定豁免排放配额不足的，应当依据温室气体的性质通过企业内部减增挂钩、市场交易手段取得不足的排放配额或者有偿申请不足的排放配额。

第四十二条【交通工具措施】 国务院交通等行政主管部门负责制定和完善陆地、水上和空中交通工具的温度控制标准、节能标准、燃油标准和温室气体减排标准，减少能源的消耗和温室气体的排放。

机动交通工具制造企业应当依照标准制造和维修交通工具。机动交通工具在上线生产前应当接受省级质量技术监督部门在温室气体排放控制方面的型式核准。

第四十三条【建筑措施】 国务院建设等行政主管部门负责制定建筑物的温度控制和节能标准，鼓励业主按照标准新建和改造建筑，减少生活和工作对能源的消耗。

办公室、会议厅、宾馆、饭店、电影院等公共场所夏天降温调控的温度不得低于 26 度，冬天增温调控的温度不得高于 20 度，医院、疗养院等特殊的场所除外。

国家采取措施促进可再生能源在建筑中的利用，加快现有建筑的低碳化改造，倡导绿色和低碳建筑。拆除仍然处于使用年限的建筑并在原址新建建筑的，应当缴纳资源和能源浪费税。城镇新建住宅，应当符合国家和地方新建建筑节能标准。

资源和能源浪费税的征收和使用办法，由国务院税务行政主管部门会同国务院发展与改革等部门制定。

第四十四条【农业措施】国家采取措施加强农业和畜牧业生产方式转变，减少农田种植和畜禽养殖中的温室气体排放，加大生物质能开发和利用，加快农村沼气建设，增加农田和草地碳汇。

第四十五条【林业和草原措施】国家鼓励和支持植树造林、封山育林，实施林业重点工程建设，加强林业经营及可持续管理，提高森林蓄积量，增强碳汇储备。

国家在草原牧区实行草畜平衡和禁牧、休牧、划区轮牧等草原保护制度，控制草原载畜量，遏止草原退化；扩大退牧还草工程实施范围，加强人工饲草地和灌溉草场的建设；加强草原灾害防治，提高草原覆盖率，增加草原碳汇。

国家逐步扩大自然保护区、风景名胜区、森林公园、生态公益林和湿地面积，实施严格保护的政策。

第四十六条【海洋措施】国家海洋行政主管部门和沿海地方各级人民政府应加强海洋和海岸带生态系统的保护，大力发展海洋保护区建设，增强海洋和海岸带碳汇能力。

第四十七条【环保措施】国家完善城市废弃物标准，实施生活垃圾处理收费制度，推广利用先进的垃圾焚烧技术，制定促进填埋气体回收利用的激励政策，控制废弃物处理中的温室气体排放。

第四十八条【产品措施】国家实行节能产品认证证书和高能效产品的低碳标识制度，建立低碳标识产品目录。

纳入低碳标识产品目录的电器，应当优先列入政府采购名录，购买者应当获得节能补贴。

国家发放回购旧家电补贴，支持规模化家电经销企业开展家电以旧换新活动, 淘汰落后的低能效家电, 普及节能家电。

第四章 气候变化的适应措施

第四十九条【总体要求】国家建立气候变化影响的分析研判机制, 开展气候变化对国家粮食安全、水资源安全、生态安全、人体健康安全等方面的影响评估工作, 采取适当措施, 增强适应气候变化能力, 保持经济和社会发展的持续性。

第五十条【生活和工作措施】国家引导公民选择适当的生活和工作方式, 合理添减衣物, 减少对空调、暖气等气温调节设施的依赖, 提高适应气候变化的能力。

第五十一条【产业结构措施】国家在干旱、半干旱地区和能源缺乏地区发展节水、节能产业, 支持企事业单位开展节水、节能改造, 减少企事业单位因气候变化对水、能源的依赖程度。

国家鼓励各地结合本地区的气候改变情况, 转变发展方式, 调整产业结构, 保持经济发展的可持续性。

第五十二条【农业和草原措施】国务院农业行政主管部门制定气候变化应对的农业措施, 完善耕地保护制度和粮食预警制度, 加强农业气象服务体系建设, 建立健全防灾减灾预警系统。

国家鼓励开发培育产量高、品质优良的抗旱、抗涝、抗高温、抗低温、抗病虫害等抗逆品种, 扩大良种利用面积, 加大农作物良种补贴力度, 加快推进良种培育、繁殖、推广一体化进程。农业和渔业生产条件发生变化的地区, 应科学合理地调整生产布局和结构, 改良生产方式和品种, 改善农业和渔业生产条件。

国家加强农田和草原基础设施建设, 推进农业结构调整, 提高农业综合生产和抵御自然灾害的能力。国家扶持荒漠化地区和潜在荒漠化地区、沙化地区和潜在沙化地区以及其他受气候变化影响的地区开展专项治理, 改造中低产田, 改造作物品种, 增强农田、草原的土壤肥力, 提高生产力。

国家扶持畜牧业地区开展与气候改变相关的家畜疾病防治工作, 扶持农业地区有效减少病虫害的流行和杂草蔓延, 降低生产成本，防止潜在荒漠化扩大趋势。

第五十三条【林业措施】 地方各级人民政府应完善森林火灾和病虫害监测系统，预防森林火灾，防治森林病虫害，保护典型森林生态系统和国家重点野生动植物，预防和治理水土流失和土地荒漠化，促进自然生态的恢复。

国家实施林业和森林、湿地生态保护重点工程建设，建立重要生态功能区，支持在荒漠化、石漠化以及自然条件较差的地区开展植树造林和生态恢复工作，提高森林和湿地适应气候变化的能力。

第五十四条【水资源措施】 国家完善水资源开发、利用、节约、保护政策体系，加强水利基础设施的规划，加大综合节水、海水利用等技术的研发和推广力度，提高水资源系统气候变化应对的能力。

国家强化水资源管理，合理开发和优化配置水资源，加快骨干水利枢纽和重点水源工程建设，科学开展流域管理和水资源调度工作，组织实施应急调水和生态补水计划，保证水资源的供需平衡，防止内陆河流、湖泊和湿地萎缩，确保干旱地区的生态不退化。

国家加强农田水利等基础设施建设，提升农业综合生产能力，推动大规模旱涝保收标准农田建设，开展大型灌区续建配套与大型灌溉排水泵站更新改造，扩大农业灌溉面积，提高灌溉效率。推广农田节水技术，开展农业水价综合改革及末级渠系节水改造试点工作，提高灾害应对能力。

国家完善大江大河防洪工程体系，加大水土流失治理力度，开展大中型和重点小型病险水库除险加固工作。

第五十五条【海洋措施】 国务院和沿海地方各级人民政府应加强对海洋和海岸生态系统监测和保护，开展海平面上升、海岸侵蚀、海水入侵和土壤盐渍化监测、调查和评估工作，提高沿海地区抵御海洋灾害的能力。

沿海地方各级人民政府应开展海岸带和重点海岛整治修复工作，开展红树林栽培移种、珊瑚礁移植保护、滨海湿地退养还滩等海洋生态恢复工程，开展风暴潮、海浪、海啸和海冰等海洋灾害的观测预警工作，有效降低各类海洋灾害造成的人员伤亡和财产损失。

国家海洋行政主管部门和沿海省级人民政府应定期发布年度海洋环境状况公报、海平面公报和海洋灾害公报，为有效应对各类海洋灾害提供支撑。

第五十六条【建筑措施】国务院建设等行政主管部门负责制定建筑物抵御极端气候的标准，鼓励业主按照标准新建和改造建筑。

第五十七条【旅游措施】国家倡导各地方以技术创新和生态保护带动旅游产业升级转型，缓解气候变化带来的负面影响。

气象部门应及时发布景区气候风险信息。景区管理和经营部门应加强游客的风险教育，完善景区风险和应急管理，保证旅游安全。

第五十八条【卫生措施】国家鼓励开展气候变化对人体健康影响的研究。

各级卫生行政主管部门应加强心血管病、疟疾、登革热、中暑、冻伤等疾病发生程度和范围的监测，采取有效措施，防治气候变化尤其是极端气候导致的疾病。

第五十九条【生物多样性维护措施】国家建立生物多样性监测网络，采取措施防止生态系统因气候变化出现退化，维护生物多样性。

国家采取就地和移地措施，保护受气候变化影响较大的动植物物种及其生长环境。

第六十条【监测预警】国家加强对各类极端天气与气候事件的监测、预警、预报，科学防范和应对极端天气、气候灾害及其衍生灾害。

国务院和地方各级人民政府应当制定洪灾、冰雪灾、旱灾、虫灾、火灾等灾害的综合和专项应急预案，建立应急工作体制，完善当地防灾减灾措施。

企事业单位应当结合所处气象条件和地理环境，合理规划和选择生产经营场所，制定应对气候灾害的应急预案。

第六十一条【救灾应急】国家建立健全气候变化应急救灾体

系，确保将气候变化带来的灾害损失最小化。

地方各级人民政府应采取措施，鼓励、引导志愿者参加防灾减灾活动，提高全社会应对极端气象灾害的能力。

第六十二条【通报与协作】国务院和县级以上地方人民政府应当建立气候变化适应和灾害应对的通报和协作机制，采取切实可行的措施，应对气候变化可能产生的灾害和威胁。

第五章　气候变化应对的保障措施

第六十三条【总体要求】国家综合运用经济、科技、法律、行政等保障措施，全面保障应对气候变化能力建设。

国家和地方各级人民政府发展与改革、税务、工商、国土资源、财政、海关、证券监督、信贷等行政主管部门，结合各自的职责，制定有利于控制和减少温室气体排放的产业政策、科技政策、财税政策、金融政策、投资政策和进出口政策，形成有利于积极应对气候变化的政策导向和体制机制。

第六十四条【规划保障】国家和地方各级人民政府在制定国民经济和社会发展规划时，要考虑区域和行业差别，重点扶持对气候保护有重要意义的地区和行业。

第六十五条【科技保障】国家鼓励和支持碳捕获及其封存、利用等气候变化应对科学技术的发展。国务院科技行政主管部门和各省级人民政府负责组织建立国家和省级气候变化应对科技支撑体系。

各级科技行政主管部门和其他有关行政主管部门，应当指导和支持节能减排、减缓和适应气候变化的技术、产品、服务的研究、开发、示范和推广工作。

各级人民政府及其有关部门应当将气候变化重大科技攻关项目的自主创新研究、应用示范列入国家或者省级科技发展规划和高技术产业发展规划，并安排财政性资金予以支持。

利用财政性资金引进气候变化应对重大技术、装备的，应当制定消化、吸收和创新方案，报有关主管部门审批并接受其监督。

第六十六条 【财政保障】 县级以上人民政府应安排气候变化应对专项资金并纳入财政预算。

各级人民政府对完成节能减排任务的行业和地区予以财政奖励。

国家对节能减排技术、产品的研究、开发、制造、普及和采取自愿减排措施的企事业单位给予资金补助或贴息、免息、减息等财政支持。具体办法由国务院财政行政主管部门会同国务院发展与改革等行政主管部门制定。

第六十七条 【投资与信贷保障】 县级以上人民政府在制定和实施投资计划时，应当将节能、节水、减排等项目列为重点投资领域。

对符合国家产业政策的节能、节水、减排等项目，金融机构应当给予优先贷款等信贷支持，并积极提供配套金融服务。具体办法由国务院发展与改革部门会同国务院信贷等行政主管部门制定。

对生产、进口、销售或者使用列入淘汰名录的技术、工艺、设备、材料或者产品的企事业单位，金融机构不得提供授信支持。

第六十八条 【能源生产的价格和税收措施】 国家推进能源价格形成机制改革，健全能源和矿产资源有偿使用制度，促进能源和资源的节约利用和开采水平的提高。

国家采取税收和价格优惠措施，对利用余热、余压、煤层气、煤矸石、煤泥、垃圾等低热值燃料燃烧发电和风力发电、光伏发电、沼气发电项目，支持并网供电。

第六十九条 【能源利用的税费措施】 国家采取有利于资源、能源节约和合理利用的税费政策，限制企事业单位浪费资源和能源，促进企事业单位自愿开展能源节约和温室气体减排。

凡是购买或者消费煤炭、石油、天然气、酒精等燃料或者电力的，都应当缴纳碳税。碳税选在销售环节征收，按照每吨燃料和每度电计征，最终由购买或者消费承担。碳税征收后缴入气候变化应对政府基金。水力发电、核能发电和其他清洁能源发电，应当享受气候变化应对政府基金的补贴。

第七十条 【价格限制措施】 国家对高耗能行业实施差别电价，

对超能耗产品实行惩罚性电价，推动供热计量收费，引导单位、家庭和个人节约和合理使用水、电、气等资源和能源，减少温室气体的排放。

国务院和省、自治区、直辖市人民政府的价格主管部门应当按照国家产业政策，对能源高消耗行业中的限制类项目，实行限制性的价格政策。

第七十一条【关税措施】 国家运用关税征收和出口退税措施，鼓励进口先进的高效、节能、低碳技术、设备和产品，减缓高耗能、高排放和资源性产品出口。具体办法由国务院制定。

第七十二条【保险措施】 国家鼓励农业、林业等行业的生产经营者参与保险，提高抵御极端气候和气候灾害的能力。具体办法由国务院保险主管部门会同国务院农业、林业等行政主管部门制定。

第七十三条【信用保障】 国家对排放单位实行节能减排信用制度。

地方各级人民政府和各行业部门组织对排放单位节能减排分级考核评价，根据排放完成节能减排任务的情况，确定不同的信用等级。评价结果向社会公开，并向信贷业、证券业、保险业和担保业通报，作为排放单位信用评级的重要参考依据。对未达到减排要求或拒不执行减排要求的单位，当地发展与改革、环境保护等行政主管部门将给予重点监控。

国家对不同信用等级的排放单位采取差别的税收、信贷和出口配额政策，提高排放单位的环境守信效益，增加环境失信成本。具体办法由国务院发展与改革部门会同国务院税务、信贷、商务等行政主管部门制定。

国家建立排放单位环境信用修复机制。排放单位可以通过技术创新、设备更新等手段，提高信用等级。

第七十四条【低碳采购保障】 国家实行有利于节能减排、减缓气候变化的政府采购政策。各级政府在公共采购中应该考虑产品能耗成本和服务耗能成本，优先采购节能减排、废物再生利用和利用可再生新能源生产的产品。

国务院政府采购行政主管部门会同有关部门制定节能产品和服务政府优先采购名录。

第七十五条 【资金和基金保障】国家采取措施,鼓励资本进入气候变化应对市场,促进节能减排和低碳发展融资、金融和交易市场的发展。

国家和地方各级人民政府设立气候变化应对政府基金,基金来源于政府拨款、碳税、温室气体排放配额费、社会捐助等,用于气候变化应对的宣传教育、科技研发、技术和产品的示范与推广、节能减排财政补贴、重大气候变化应对项目的实施、极端气候应急、产业转型和奖励等。具体办法由国务院制定。

国家鼓励社会发起设立气候变化应对民间基金,作为气候变化应对政府基金的补充,参与节能减排投资、技术研发、技术推广、温室气体排放配额交易等活动。民间气候变化基金的设立和运营管理办法由国务院制定。

第七十六条 【国内市场交易保障】国家合理规划,在北京、天津、上海等城市建立跨省、自治区、直辖市的区域交易平台,充分发挥市场机制的作用,以最小化成本实现温室气体排放控制目标。

国家鼓励气候变化应对民间基金和公益组织通过交易平台交易温室气体排放配额。

区域交易平台的运转经费,由温室气体排放配额交易手续费和气候变化应对政府基金的补助予以保障。

具体管理办法由国务院发展与改革部门会同国务院相关部门制定。

第六章 气候变化应对的监督管理

第七十七条 【统筹规划】依照本法规定行使监督管理权的部门应当结合自己的职责,组织调查研究,开展气候变化的影响评估、指导和管理,全面推动气候变化应对监管的科学性。

编制土地利用总体规划、城乡规划、环境保护规划、生态保护建设规划、水资源规划和水土保持规划时，应当征求有关单位和社会的意见并进行科学论证，充分考虑气候变化及其应对对经济社会发展的影响，与气候变化应对中长期规划保持一致。

第七十八条【标准与规范制定】国务院发展与改革部门会同国务院环境保护行政主管部门制定温室气体排放控制标准与监测规范。

省、自治区、直辖市人民政府对温室气体排放控制标准与监测规范中未作规定的项目，可以制定地方标准和规范，并报国务院发展与改革部门和国务院环境保护行政主管部门备案。

第七十九条【市场准入】新建、改建、扩建的重点项目在可行性论证阶段，应当委托有资质的机构开展温室气体减排预评估，报当地发展与改革部门和环境保护行政主管部门共同审批。温室气体减排预评估文件未获审批的，发展与改革部门不得立项，国土资源部门不得审批土地，环保部门不得审批排污指标，供水部门不得供水，电力部门不得供电，信贷企业不得贷款。

现有重点排放单位没有通过节约能源和温室气体减排审计的，不得上市融资或者上市再融资，不得申请出口配额。

温室气体减排预评估应当和节约能源预评估、环境影响评价结合进行，具体办法由国务院发展与改革部门会同环境保护等行政主管部门制定。

第八十条【排放许可与排放配额】国家实行温室气体排放许可和豁免许可制度。

温室气体排放总量未超过核定豁免排放配额，且能效达到低碳标准的，免予向当地发展与改革部门或者环境保护行政主管部门申请排放许可证。环境污染法律法规有不同规定的除外。

温室气体排放总量未超过核定豁免排放配额，但能效未达到低碳标准的现有重点排放单位，应当向当地发展与改革部门或者环境保护行政主管部门申请排放许可证。

温室气体排放总量超过核定豁免排放配额的重点排放单位，应当通过企业内部减增挂钩、市场交易手段取得不足的温室气体排放配额，向当地发展与改革部门申请排放许可证。不能通过企业内部减增挂钩、市场交易手段取得不足的温室气体排放配额的,应当在申请排放许可证的同时申请排放配额。

具体管理办法,由国务院发展与改革部门会同国务院环境保护行政主管部门制定。

第八十一条【监测网络与信息公开】 国家建立温室气体排放状况监测和温室气体排放核算制度。国务院环境保护行政主管部门和气象部门负责组织建立全国温室气体排放状况监测网络。

国务院发展与改革部门会同国务院环境保护等行政主管部门编制中国气候变化应对状况年度公报,并按季度统一发布中国应对气候变化的信息。

省级人民政府编制本行政区域气候变化应对状况年度公报,并按季度统一发布应对气候变化的信息。

第八十二条【单位监测、核算与信息台账】 对属于大气污染物的温室气体,排放单位应当按照规定对温室气体排放类别、年度和总量进行自我监测或者委托有资质的机构监测。

对不属于大气污染物的温室气体,重点排放单位应当委托有资质的机构,按照规定对温室气体排放类别进行甄别,对燃料能效与总量、温室气体排放总量与强度进行核算。

排放单位应当按照国家规定,建立温室气体排放信息台账。依照本法规定行使监督管理权的部门,对当地排放单位的排放行为进行监督性核算或者监测。

第八十三条【温室气体排放清单】 县级以上人民政府发展与改革部门会同同级环境保护行政主管部门加强气候变化应对数据的收集、整理和分析工作。

国务院发展与改革部门会同国务院环境保护行政主管部门在全国组织开展温室气体排放清单编制工作。地方各级发展与改革部门会同同级环境保护行政主管部门负责组织编制本地区温室气体排放清单工作。

重点排放单位应当纳入温室气体排放清单。温室气体排放清单包括排放单位的名称、地址、行业类别、产品名称、生产工艺、能源类型、燃料能效与消耗总量、其他能源的能效与消耗总量、温室气体的排放类别与排放总量，温室气体排放配额、温室气体排放配额的获取方式、温室气体减排情况、执法检查信息等内容。

具体的排放清单编制指南，由国务院发展与改革部门会同国务院环境保护行政主管部门制定。

第八十四条【排放清单监管信息平台】 国务院发展与改革部门会同国务院环境保护行政主管部门组织建立国家级温室气体排放清单监管信息平台，并指导省级、市级和县级温室气体排放清单监管信息平台的建立。

地方各级温室气体排放清单监管信息平台的信息应当动态更新，并与上级信息平台保持对接。

第八十五条【单位排放源专用账户】 温室气体排放总量超过核定豁免排放配额或者能效未达到低碳标准的重点排放单位，应当向当地人民政府发展与改革部门申请温室气体排放源专用账户。

重点排放单位获取温室气体排放源专用账户后，温室气体排放状况发生变化的，应当将更新的排放台账信息如实录入排放清单监管信息平台的自我申报系统。自我申报信息由当地发展与改革部门会同环境保护等行政主管部门现场审核确认，并转入排放清单监管信息平台的监管系统。

具体管理办法由国务院发展与改革部门会同环境保护等行政主管部门制定。

第八十六条【排放清单信息规范建设与信息公开】 国务院发展与改革部门会同国务院环境保护行政主管部门制定重点排放单位温室气体排放清单信息自我申报考核办法和各地排放清单监管信息平台建设运行考核办法。

公众有权书面要求查阅当地重点排放单位排放台账信息、重点排放单位信用等级和当地的温室气体排放清单信息。

第八十七条【指导和检查】 各级人民政府及其有关部门应对用能单位开展经常性监督，对有色金属、建材、钢铁、化工、火力发电、煤炭等重点用能企事业单位实行能效监察和行政指导。

各级人民政府及其有关部门可以根据本地的实际，与企事业单位签订节能减排协议，约定企事业单位的节能减排目标和需采取的措施,并按照协议的约定为企事业单位提供有关指导、服务和支持。

依照本法规定行使监督管理权的部门,有权对管辖范围内的温室气体排放单位进行现场检查,被检查的单位应当如实反映情况,提供必要的资料。检查机关有义务为被检查的单位保守在检查中获取的商业秘密。

第八十八条【公开曝光】 对未完成温室气体减排任务、超过低碳标准排放温室气体和违反节能减排管理规定的单位,监管部门应当向社会公布、曝光,使其接受社会和媒体的监督。

第七章 气候变化应对的宣传教育和社会参与

第八十九条【总体要求】 国家将气候变化及其应对知识纳入国家教育体系。国务院和地方各级人民政府应当将气候变化应对的教育培训纳入中央和地方环境保护教育的中长期规划,并安排专项资金予以保障。

县级以上人民政府加强对全社会尤其是青少年气候变化应对的教育,宣传普及保护环境、气候变化应对的科学知识和法律法规,提高全民的气候变化科学素质,增强全社会节约利用资源、保护环境和气候的自觉意识。

第九十条【宣传方式】 国家充分发挥报纸、书籍、广播、电视、杂志、互联网、手机等媒体的作用,加强气候变化应对、节能减排、低碳发展的国内外宣传。

国家鼓励媒体制作、播放与气候变化、节能减排、低碳发展有关的节目和公益广告。

第九十一条【对外宣传】 国务院宣传部门每年应以中文、英文、德文、俄文、西班牙文、法文等语言发布中国应对气候变化白皮书,阐明我国应对气候变化的政策和行动计划,展示我国在应对气候变化方面的措施和成效,广泛获取国内外的理解、认同和支持。

第九十二条【在校教育】 国家将气候变化、节能减排、低碳发展等方面的知识纳入中小学素质教育的内容。

国家将气候变化、节能减排、低碳发展等方面的科技和管理课程纳入高等教育、职业教育培训体系，加强教育科研基地建设，积极培养气候变化应对领域专业人才。

国务院教育行政主管部门应当组织有关教育单位统一编写气候变化应对优质教材、读本和包括应对气候变化内容在内的综合性环境教育教材、读本。

第九十三条【在职教育】 国家将气候变化、节能减排、低碳发展等方面的科技和管理培训教育纳入在职科技与管理培训体系，加强对在职人员特别是领导干部气候变化知识的培训。有效提高在职人员气候变化应对意识和科学管理水平。

在职科技与管理培训形式包括举办进修班、集体学习、讲座、报告会等。

第九十四条【社会参与】 国家提倡勤俭节约、低碳发展，倡导绿色、低碳的健康文明生活方式和消费方式，营造积极应对气候变化的良好社会氛围。

国家广泛动员，注重发挥社区、社会团体、个人的积极性，采取多种渠道和手段引导全社会积极参与气候变化应对行动。

各级人民政府应当通过宣传、教育、税收等措施，鼓励消费者购买、使用节能减排、废物再生利用和利用可再生新能源生产的产品。

第八章　气候变化应对的国际合作

第九十五条【国际合作原则】 中国应对气候变化坚持国际合作和以联合国为主导的国际协商原则，通过国际合作和协商协调开展节能减排，共同减少温室气体的排放。

中国积极开展政府、议会等多个层面和多种形式的国际合作，加强多边交流与协商，增进互信，扩大共识。

中国积极参加气候变化国际会议和国际谈判，促进气候变化公约及其议定书的全面、有效和持续实施。

第九十六条【共同但有区别原则】中国应对气候变化坚持共同责任的原则,在可持续发展框架下采取行动积极履行应对气候变化的国际承诺。

中国应对气候变化坚持有区别责任的原则,发达国家应当率先大幅度减少温室气体排放,切实兑现向属于发展中国家的中国提供资金和技术转让的承诺。

第九十七条【国际对话与合作】中国与外国政府、相关国际组织和机构积极建立气候变化领域的对话和合作机制,将气候变化作为双边和多边合作的重要内容。

中国积极主办和参与气候变化、节能环保等领域的国际研讨会、论坛、展览等活动,加强低碳发展方面的国际经验交流。

中国加强与国际组织和机构的信息沟通、资源共享和务实合作,共同开展气候变化研究和对话,共同开展教育培训、科技示范项目及低碳发展城市和社区试点。

第九十八条【国际资金和技术援助】中国积极开展国际谈判,积极争取外国政府、国际组织或国际基金的资金和技术援助。

中国积极参与国际科技合作计划,积极洽谈气候变化应对方面的国际技术交流与转让事宜,提高我国应对气候变化科技自主创新的能力。

第九十九条【国际市场交易保障】中国政府支持并鼓励中国企事业单位在自愿、平等的基础上通过国内区域交易平台参与国际清洁发展机制。

中国企事业单位参与国际清洁发展机制,应当通过区域交易平台向国务院发展与改革部门申请许可,并接受其指导和监管管理。

第一百条【国际信息通报】中国在气候变化应对方面加强国际信息合作。

国务院外交部门代表中国政府负责向国际社会通报我国温室气体排放情况、气候变化的影响及我国气候变化应对的政策、法律和措施。

第一百零一条【对外反制措施】中国反对其他国家和地区借气候变化应对的名义实施任何形式的贸易保护措施,或者对入境、过境的中国民航班机、轮船采取单边措施征收碳税或者类似税费。

其他国家和国际组织借气候变化应对的名义，对中国企业采取单边税收措施等贸易保护措施，或者对入境、过境中国民航班机、轮船采取单边措施征收碳税或者类似税费的，中国政府有权根据本国的实际情况采取反制措施。

第九章　法律责任

第一百零二条【对国家机关工作人员的处分】依照本法规定行使监督管理权的部门，不依法作出行政许可或者办理批准文件的，发现违法行为或者接到对违法行为的举报后不予查处的，或者有其他未依照本法规定履行职责的行为的，对直接负责的主管人员和其他直接责任人员依法给予处分。

第一百零三条【对地方人民政府主要负责人的处分】地方人民政府未完成区域节能减排考核目标的，对其主要负责人依法给予处分。

第一百零四条【区域与企业限批】未完成气候变化应对目标责任的地区，依照本法规定行使监督管理权的部门应当暂停审批高耗能的新建、改建、扩建项目。未完成节能减排任务的企业集团，依照本法规定行使监督管理权的部门责令暂停审批新增温室气体排放配额的新建、改建、扩建项目。

第一百零五条【对企事业单位的处罚】拒绝依照本法规定行使监督管理权的部门的监督检查，或者在接受监督检查时弄虚作假的，责令改正，处三万元以上二十万元以下的罚款。

第一百零六条【对企事业单位的处罚】违反本法规定，有下列行为之一的，由依照本法规定行使监督管理权的部门按照权限责令立即改正，处三万元以上二十万元以下的罚款：

（一）违反产品强制淘汰要求的；

（二）违反温室气体排放配额交易规则交易的；

（三）违反规定为不符合节能减排要求的新建、改建、扩建项目供水、供电、贷款的。

第一百零七条 【对企事业单位的处罚】违反本法规定,有下列行为之一的,由依照本法规定行使监督管理权的部门按照权限责令限期改正,处三万元以上二十万元以下;逾期不改正的,处二十万元以上一百万元以下的罚款:

(一)节约能源和温室气体减排预评估未获得审批开展项目建设的;

(二)拒报或者谎报申报登记事项的;

(三)未按照规定对温室气体排放进行监测或者核算的;

(四)未按照规定保留原始台账或者违反信息录入、报送规定的;

(五)其他违反节能减排规定的行为。

第一百零八条 【对企事业单位的处罚】违反本法规定,未取得温室气体排放配额主体工程即投入生产或者使用的,由县级以上发展与改革部门责令停止生产或者使用,处十万元以上一百万元以下的罚款。

第一百零九条 【对企事业单位的处罚】违反本法规定,超过配额排放温室气体的,由县级以上人民政府发展与改革部门按照权限责令限期采取有效的节能减排措施或者通过企业内部减增挂钩、市场交易方式获取排放配额,处应缴纳温室气体排放配额费五倍以上十倍以下的罚款。限期采取节能减排措施的期限累计不得超过一年。逾期未采取有效措施的,由县级以上人民政府根据权限责令关闭。

违反本法规定,能效未达到低碳标准排放温室气体的,由县级以上人民政府发展与改革部门按照权限责令限期采取有效的节能减排措施,处应缴纳温室气体排放配额费五倍以上十倍以下的罚款。限期采取节能减排措施的期限累计不得超过一年。逾期未采取有效措施的,由县级以上人民政府根据权限责令关闭。

违反本法规定,能效未达到低碳标准并超过配额排放温室气体的,由县级以上人民政府发展与改革部门按照权限责令限期采取有效的节能减排措施,并处应缴纳温室气体排放配额费十倍以上二十倍以下的罚款。采取有效的节能减排措施的期限累计不得超过一年。逾期未采取有效措施的，由县级以上人民政府根据权限责令关闭。

第一百一十条【对企事业单位的处罚】违反本法规定，生产、销售、进口或者使用列入禁止生产、销售、进口、使用的落后淘汰设备和工艺的，由县级以上人民政府发展与改革部门责令改正，处十万元以上一百万元以下的罚款；情节严重的，由县级以上人民政府发展与改革部门提出意见，报请本级人民政府责令停业、关闭。

第一百一十一条【对企事业单位负责人的处罚】未完成节能减排任务的企事业单位，由依照本法规定行使监督管理权的部门对其负责人处上一年度从本单位取得收入百分之五十以下的罚款。

第一百一十二条【对处罚的法律救济】当事人对行政处罚决定不服的，可以申请行政复议，也可以在收到通知之日起十五日内向人民法院起诉；期满不申请行政复议或者起诉，又不履行行政处罚决定的，由作出行政处罚决定的机关申请人民法院强制执行。

第十章　附　　则

第一百一十三条【用语定义】本法中下列用语的含义：

温室气体，是指伴随人类活动所产生并进入大气环境，能够或者可能导致全球和区域气候变暖的气体，包括二氧化碳、甲烷、氧化亚氮、氢氟碳化物、全氟碳化物、六氟化硫和其他由国务院发展与改革部门会同国务院环境保护行政主管部门公布的气体物质。碳黑等能够或者可能导致全球和区域气候变暖的大气颗粒物，本法作为温室气体对待。温室气体的具体清单，由国务院发展与改革部门会同环境保护等行政主管部门确定后公布。

气候变化，是指由于人类活动和自然变异，直接或间接地改变地球大气的物质成分，影响人类生产生活的气候改变现象。

气候变化应对，是指运用法律、经济、行政、科技、国际合作等手段，对自然变化或者人类活动引起或者可能引起的气候改变造成的影响所采取的适应与减缓等措施。

气候变化减缓，是指通过法律、经济、行政、科技、国际合作、管理等措施减少温室气体排放,增加碳汇,减轻或抵消气候变化带来的损失或者潜在损失,有效利用气候变化益处。

气候变化适应,是指针对现实或预期的气候变化,作出减少危害或利用益处的相应调整措施。

节能减排,是指节约能源并减少温室气体的排放。

温室气体排放总量,是指自排放源排出的各种温室气体量乘以各该物质温暖化潜势所得的合计量,以二氧化碳当量表示。

温室气体排放配额,是指允许排放源于一定期间排放二氧化碳当量的额度。此额度应当来自政府的分配、企业内部减增挂钩或市场交易。

温室气体排放配额交易,是指温室气体排放配额在国内外交易平台进行买卖或交换。

企业内部减增挂钩,是指企业可以将通过节能减排措施节余的排放配额用于新建、改建和扩建项目。

碳汇,是指将二氧化碳或其他温室气体离开排放源或释放源后,固定或封存之树木、森林、土壤、海洋、设施或场所。

低碳标准,是指由国家主管部门依排放源或企事业单位的设施、产品或其他单位用料或产出,容许排放的二氧化碳当量。

重点排放单位,是指能源利用和温室气体排放总量超过一定标准的单位。具体标准由国务院发展与改革部门会同国务院环境保护等行政主管部门制定。

重点项目,是指能源利用和温室气体排放总量将超过一定标准的新建、改建、扩建项目。具体标准由国务院发展与改革部门会同国务院环境保护等行政主管部门制定。

第一百一十四条 【本法效力】 其他资源、能源、环境法律应当与本法相协调。

第一百一十五条 【生效时间】 本法自 年 月 日起施行。

参 考 文 献

一、官方文件

1.《中美气候变化联合声明》，2014 年。

2.《中美元首气候变化联合声明》，2015 年。

3.《中美元首气候变化联合声明》，2016 年。

4. 国务院新闻办公室：《中国应对气候变化的政策与行动》，2008 年。

5. 国务院新闻办公室：《中国的能源状况与政策白皮书》，2007 年。

6. 国务院新闻办公室：《中国的能源政策（2012）白皮书》，2012 年。

7. 国务院：《国务院关于加快培育和发展战略性新兴产业的决定》，2010 年。

8. 国家发展和改革委员会：《国家适应气候变化战略》，2013 年。

9. 国家发展和改革委员会：《国家应对气候变化规划（2014—2020 年）》，2014 年。

10. 国家发展和改革委员会：《碳排放权交易管理暂行办法》，2014 年。

11. 国家发展和改革委员会：《中国应对气候变化国家方案》，2007 年。

12. 国家发展和改革委员会：《中国应对气候变化的政策与行动——2008 年度报告》，2008 年。

13. 国家发展和改革委员会：《中国应对气候变化的政策与行动——2009 年度报告》，2009 年。

14. 国家发展和改革委员会:《中国应对气候变化的政策与行动——2010 年度报告》,2010 年。

15. 国家发展和改革委员会:《中国应对气候变化的政策与行动——2011 年度报告》,2011 年。

16. 国家发展和改革委员会:《中国应对气候变化的政策与行动——2012 年度报告》,2012 年。

17. 国家发展和改革委员会:《中国应对气候变化的政策与行动——2013 年度报告》,2013 年。

18. 国家发展和改革委员会:《中国应对气候变化的政策与行动——2014 年度报告》,2014 年。

19. 国家发展和改革委员会:《中国应对气候变化的政策与行动——2015 年度报告》,2015 年。

20. 国家发展和改革委员会:《强化应对气候变化行动——中国国家自主贡献》,2015 年。

21. 国家发展和改革委员会:《国家发展改革委关于推动碳捕集、利用和封存试验示范的通知》,2013 年。

22. 国家发展和改革委员会办公厅:《国家发展改革委办公厅关于开展碳排放权交易试点工作的通知》,2011 年。

23. 湖北省人民政府:《湖北省碳排放权管理和交易暂行办法》,2014 年。

24. 湖北省人民政府:《湖北省应对气候变化行动方案》,2009 年。

25. 湖北省人民政府:《湖北省"十二五"控制温室气体排放工作实施方案》,2012 年。

26. 湖北省人民政府:《湖北省低碳发展规划(2011—2015 年)》,2013 年。

27. 湖北省人民政府:《湖北省能源发展"十二五"规划》,2013 年。

二、国际条约、国际组织文件及智库报告

1.《联合国气候变化框架公约》,1992 年。

2.《京都议定书》,1997 年。

3.《巴黎协定》,2015 年。

4.《能源宪章条约》，1994 年。

5. 政府间气候变化专门委员会：《第一次气候变化评估报告》，
   1990 年。

6. 政府间气候变化专门委员会：《第二次气候变化评估报告》，
   1995 年。

7. 政府间气候变化专门委员会：《第三次气候变化评估报告》，
   2001 年。

8. 政府间气候变化专门委员会：《第四次气候变化评估报告》，
   2007 年。

9. 政府间气候变化专门委员会：《第五次气候变化评估报告》，
   2014 年。

10. 国际能源署：《能源安全与气候变化政策相互作用：一个评估
    框架》，2004 年。

11. 国际能源署：《能源与气候变化》，2015 年。

12. 国际能源署：《2011 年能源展望(执行摘要)》，2010 年。

13. 世界银行：《发展与气候变化——世界发展报告 2010》，
    2010 年。

14. 查塔姆研究所：《气候变化：中国与欧洲能源和气候安全相互
    依存性》，2007 年。

15. 21 世纪可再生能源网络：《2015 年可再生能源全球现状报告》，
    2015 年。

16. BP, *BP Statistical Review of World Energy* 2012, 2012.

17. World Commission on Environment and Development, *Our Common
    Future*, 1987.

三、中文专著

1. 安建主编：《中华人民共和国节约能源法释义》，法律出版社
   2007 年版。

2. 丑纪范编著：《大气科学中的非线性与复杂性》，气象出版社
   2002 年版。

3. 陈诗一等主编：《应对气候变化：用市场政策促进二氧化碳减

排》，科学出版社 2014 年版。

4. 陈贻健著：《气候正义论：气候变化法律中的正义原理和制度构建》，中国政法大学出版社 2014 年版。

5. 程明道著：《北魏至盛唐的社会主义萌芽——兼论气候变化对社会发展的影响》，人民出版社 2012 年版。

6. 程明道著：《气候变化与社会发展》，社会科学文献出版社 2012 年版。

7. 程荃著：《欧盟新能源法律与政策研究》，武汉大学出版社 2012 年版。

8. 崔少军著：《碳减排：中国经验——基于清洁发展机制的考察》，社会科学文献出版社 2010 年版。

9. 董恒宇、云锦凤、王国钟主编：《碳汇概要》，科学出版社 2012 年版。

10. 董岩著：《国家应对气候变化立法研究：以立法目的多元论为视角》，中国政法大学出版社 2015 年版。

11. 高小升著：《欧盟气候政策研究》，社会科学文献出版社 2015 年版。

12. 葛全胜等著：《中国历朝气候变化》，科学出版社 2010 年版。

13. 龚向前著：《气候变化背景下能源法的变革》，中国民主法制出版社 2008 年版。

14. 龚微著：《发展权视角下的气候变化国际法研究》，法律出版社 2013 年版。

15. 郭冬梅著：《应对气候变化法律制度研究》，法律出版社 2010 年版。

16. 郭刚，张春莹著：《气象哲学导论》，科学出版社 2014 年版。

17. 何晶晶著：《国际气候变化法框架下的中国低碳发展立法初探》，中国社会科学出版社 2014 年版。

18. 黄进等著：《中国能源安全若干法律与政策问题研究》，经济科学出版社 2013 年版。

19. 李化著：《澳大利亚新能源法律与政策研究》，武汉大学出版社 2014 年版。

20. 李静云著：《走向气候文明——后京都时代气候保护国际法律新秩序的构建》，中国环境科学出版社 2010 年版。

21. 李士勇编著：《非线性科学及其应用》，哈尔滨工业大学出版社 2011 年版。

22. 李兴峰著：《温室气体排放总量控制立法研究》，中国政法大学出版社 2015 年版。

23. 廖建凯著：《我国气候变化立法研究——以减缓、适应及其综合为路径》，中国检察出版社 2012 年版。

24. 吕江著：《英国新能源法律与政策研究》，武汉大学出版社 2012 年版。

25. 吕江著：《气候变化与能源转型：一种法律的语境范式》，法律出版社 2013 年版。

26. 绿色煤电有限公司著：《挑战全球气候变化——二氧化碳捕集与封存》，中国水利水电出版社 2011 年版。

27. 马丽著：《地方政府与全球气候治理：对中国地方政府低碳发展的考察》，中国社会科学出版社 2015 年版。

28. 马忠法著：《应对气候变化的国际技术转让法律制度研究》，法律出版社 2014 年版。

29. 满志敏著：《中国历史时期气候变化研究》，山东教育出版社 2009 年版。

30. 桑东莉著：《气候变化与能源政策法律制度比较研究》，法律出版社 2013 年版。

31. 沈宗灵著：《现代西方法理学》，北京大学出版社 1992 年版。

32. 唐颖侠著：《国际气候治理：制度与路径》，南开大学出版社 2015 年版。

33. 田丹宇著：《国际应对气候变化资金机制研究》，中国政法大学出版社 2015 年版。

34. 王毅刚等著：《碳排放交易制度的中国道路——国际实践与中国应用》，经济管理出版社 2011 年版。

35. 杨泽伟著：《中国能源安全法律保障研究》，中国政法大学出版社 2009 年版。

36. 杨泽伟主编：《发达国家新能源法律与政策研究》，武汉大学出版社 2011 年版。

37. 杨泽伟主编：《从产业到革命：发达国家新能源法律政策与中国的战略选择》，武汉大学出版社 2015 年版。

38. 于文轩著：《石油天然气法研究：以应对气候变化为背景》，中国政法大学出版社 2014 年版。

39. 曾文革等著：《应对全球气候变化能力建设法制保障研究》，重庆大学出版社 2012 年版。

40. 中国法学会能源法研究会编：《中国能源法研究报告 2009》，立信会计出版社 2010 年版。

41. 中国法学会能源法研究会编：《中国能源法研究报告 2011》，立信会计出版社 2012 年版。

42. 周珂著：《应对气候变化的环境法律思考》，知识产权出版社 2014 年版。

43. 朱守先等编著：《气候变化的国际背景与条约》，科学技术文献出版社 2015 年版。

四、中文译著

1. [澳大利亚]希尔曼著：《气候变化的挑战与民主的失灵》，武锡申等译，社会科学文献出版社 2009 年版。

2. [法]帕斯卡尔·阿科特著：《气候的历史——从宇宙大爆炸到气候灾难》，李孝琴等译，学林出版社 2011 年版。

3. [法]席瓦利，杰佛伦著：《新的能源危机：气候、经济学和地缘政治(第二版)》，上海财经大学出版社 2015 年版。

4. [荷兰]尼科·斯赫雷弗著：《可持续发展在国际法中的演进：起源、涵义及地位》，汪习根、黄海滨译，社会科学文献出版社 2010 年版。

5. [加]劳伦斯·所罗门著：《全球变暖否定者》，丁一译，中国环境科学出版社 2011 年版。

6. [美]波斯纳著：《气候变化的正义》，李智等译，社会科学文献出版社 2011 年版。

7. [美]托比·胡弗著:《近代科学为什么诞生在西方》(第2版),
周程,于霞译,北京大学出版社2010年版。

8. [美]福斯特著:《生态革命:与地球和平相处》,刘仁胜等译,
人民出版社2015年版。

9. [美]斯潘塞·R.沃特著《全球变暖的发现》,宫照丽译,外语教
学与研究出版社2007年版。

10. [美]本杰明·卡多佐:《法律的成长:法律科学的悖论》,董炯
等译,中国法制出版社2002年版。

11. [美]哈罗德·J.伯尔曼著:《法律与革命(第一卷):西方法律
传统的形成》,贺卫方等译,法律出版社2008年版。

12. [美]奥利弗·霍姆斯著:《法律的生命在于经验——霍姆斯法
学文集》,明辉译,清华大学出版社2007年版。

13. 美国国家研究委员会固体地球科学重大研究问题委员会著:
《地球的起源和演化:变化行星的研究问题》,张志强等译,科
学出版社2010年版。

14. [美]易明著:《一江黑水:中国未来的环境挑战》,姜志芹译,
江苏人民出版社2012年版。

15. [美]约翰·H.霍兰著:《隐秩序——适应性造就复杂性》,周
晓牧,韩晖译,上海科技教育出版社2000年版。

16. [美]S.弗雷格·辛格,丹尼斯·T.艾沃利著:《全球变暖——
毫无来由的恐慌》,林文鹏,王臣立译,上海科学技术文献出
版社2008年版。

17. [美]克拉克、库克著:《绿色工业革命》,金安君等译,中国电
力出版社2015年版。

18. [日]田家康著:《气候文明史》,范春飚译,东方出版社2012
年版。

19. [瑞士]许靖华著:《气候创造历史》,甘锡安译,三联书店2014
年版。

20. [英]尼古拉斯·斯特恩著:《地球安全愿景:治理气候变化,
创造繁荣进步新时代》,武锡申译,社会科学文献出版社2011
年版。

21. ［英］吉登斯著：《气候变化的政治》，曹荣湘译，社会科学文献出版社 2009 年版。

五、中文期刊论文

1. 曹明德：《中国参与国际气候治理的法律立场和策略：以气候正义为视角》，载《中国法学》2016 年第 1 期。

2. 陈敏鹏等：《〈巴黎协定〉适应和损失损害内容的解读和对策》，载《气候变化研究进展》2016 年第 3 期。

3. 程荃：《欧盟第三次能源改革方案及其对中国的启示》，载《暨南学报(哲社版)》2011 年第 5 期。

4. 程荃：《新能源视角下欧盟 2011 年节能与能效立法措施评析》，载《湖南师范大学社会科学学报》2012 年第 4 期。

5. 程荃：《论能源危机对欧盟能源应急法律政策发展的影响》，载《暨南学报(哲社版)》2015 年第 1 期。

6. 程雨燕：《地方政府应对气候变化区域合作的法治机制构建》，载《广东社会科学》2016 年第 2 期。

7. 范姣艳：《我国自然灾害救助制度探讨》，载《法制与社会》2008 年第 22 期。

8. 广州市人民政府办公厅：《转发国务院环境保护委员会关于我国关于全球环境问题的原则立场的通知》，载《广州市政》1990 年第 12 期。

9. 何建坤：《〈巴黎协定〉新机制及其影响》，载《世界环境》2016 年第 1 期。

10. 何香柏：《突破还是保守：评我国适应气候变化的法律框架》，载张仁善主编：《南京大学法律评论》(2015 年秋季卷)，法律出版社 2015 年版。

11. 李慧明：《〈巴黎协定〉与全球气候治理体系的转型》，载《国际展望》2016 年第 2 期。

12. 李玉婷：《气候政策的绿色悖论文献述评》，载《现代经济探讨》2015 年第 8 期。

13. 林木：《1973 年 12 月：新中国第一部环保法规的制定》，载

《党史博览》2013 年第 8 期。

14. 刘哲：《我国应对气候变化立法的基本问题探究》，载《江苏大学学报（社科版）》2016 年第 2 期。

15. 吕江：《〈哥本哈根协议〉：软法在国际气候制度中的作用》，载《西部法学评论》2010 年第 4 期。

16. 吕江：《"共同但有区别的责任"原则的制度性设计》，载《山西大学学报（哲社版）》2011 年第 5 期。

17. 吕江：《气候正义与国际法》，载《思想战线》2012 年第 5 期。

18. 吕江：《科学悖论与制度预设：气候变化立法的旨归》，载《江苏大学学报（哲社版）》2013 第 4 期。

19. 吕江：《破解联合国气候变化谈判的困局——基于不完全契约理论为视角》，载《上海财经大学学报》2014 年第 4 期。

20. 吕江：《国家核心利益与气候变化立法：在原则与规范之间》，载《吉首大学学报（社科版）》2014 年第 4 期。

21. 吕江：《气候变化立法的制度变迁史：世界与中国》，载《江苏大学学报（哲社版）》2014 年第 4 期。

22. 曲格平：《中国环境保护事业发展历程提要（续）》载《环境保护》1988 年第 4 期。

23. 曲格平：《中国环境保护四十年回顾及思考（回顾篇）》，载《环境保护》2013 年第 10 期。

24. 孙佑海：《〈环境保护法〉修改的来龙去脉》，载《环境保护》2013 年第 16 期。

25. 王灿发、刘哲：《论我国应对气候变化立法模式的选择》，载《中国政法大学学报》2015 年第 6 期。

26. 王萍：《环保立法三十年风雨路》，载《中国人大》2012 年第 18 期。

27. 王田，李俊峰：《〈巴黎协定〉后的全球低碳"马拉松"进程》，载《国际问题研究》2016 年第 1 期。

28. 杨泽伟：《反恐与海上能源通道安全的维护》，载《华东政法大学学报》2007 年第 1 期。

29. 杨泽伟：《欧盟能源法律政策及其对我国的启示》，载《法学》

2007 年第 2 期。

30. 杨泽伟：《中国能源安全问题：挑战与应对》，载《世界经济与政治》2008 年第 8 期。

31. 杨泽伟：《〈2009 年美国清洁能源与安全法〉及其对中国的启示》，载《中国石油大学学报(社科版)》2010 年第 1 期。

32. 杨泽伟：《中美能源与气候变化合作障碍与前景》，载《人民论坛》2010 年第 29 期。

33. 杨泽伟：《论气候变化对人权国际保护的影响》，载《时代法学》2011 年第 1 期。

34. 杨泽伟：《碳排放权：一种新的发展权》，载《浙江大学学报(人社版)》2011 年第 3 期。

35. 杨泽伟：《发达国家新能源法律与政策：特点、趋势及其启示》，载《湖南师范大学社会科学学报》2012 年第 4 期。

36. 杨泽伟：《台湾新能源法律政策及其对大陆的启示》，载《中国地质大学学报(社科版)》2013 年第 1 期。

37. 杨泽伟：《国际能源秩序的变革：国际法的作用与中国的角色定位》，载《东方法学》2013 年第 4 期。

38. 杨泽伟：《"后京都时代"中国省级应对气候变化立法研究——以湖北省为例》，载《江苏大学学报(社科版)》2013 年第 5 期。

39. 杨泽伟：《共建"丝绸之路经济带"背景下中国与中亚国家能源合作法律制度：现状、缺陷与重构》，载《法学杂志》2016 年第 1 期。

40. 叶汝求：《改革开放 30 年环保发展历程》，载《环境保护》2008 年第 21 期。

41. 于文轩，田丹宇：《美国和墨西哥应对气候变化立法及其借鉴意义》，载《江苏大学学报(社科版)》2016 年第 2 期。

42. 曾文革，冯帅：《后巴黎时代应对气候变化能力建设的中国路径》，载《江西社会科学》2016 年第 4 期。

43. 翟亚柳：《中国环境保护事业的初创——兼述第一次全国环境保护会议及其历史贡献》，载《中共党史研究》2012 年第 8 期。

44. 赵俊：《我国应对气候变化立法的基本原则研究》，载《政治与法律》2015 年第 7 期。

45. 周肖肖、丰超、胡莹、魏晓平：《环境规制与化石能源消耗——技术进步和结构变迁视角》，载《中国人口·资源与环境》2015 年第 12 期。

46. 庄敬华：《〈气候变化应对法〉刑事责任条款探析》，载《中国政法大学学报》2015 年第 6 期。

六、外文专著

1. Abdel, Mohamed & Rahim M. Salih, *Climate Change and Sustainable Development: New Challenges for Poverty Reduction*, Cheltenham, UK: Edward Elgar, 2009.

2. Al-Fattah, Saud M. & Murad F. Barghouty, *Carbon Capture and Storage: Technologies, Policies, Economics, and Implementation Strategies*, CRC Press, 2011.

3. Barrio, Antonio Marquina, *Global Warming and Climate Change: Prospects and Policies in Asia and Europe*, Houndmills: Palgrave Macmillan, 2010.

4. Bolin, Bert, *A history of the science and politics of climate change: the role of the Intergovernmental Panel on Climate Change*, Cambridge: Cambridge University Press, 2007.

5. Bradbrook, Adrian J. & Rosemary Lyster, *Energy Law and the Environment*, Cambridge: Cambridge University Press, 2006.

6. Cameron, Peter D. & Donald Zillman ed. , *Kyoto: From Principles to Practice*, Kluwer Law International, 2001.

7. Campbell, John & Jon Barnett, *Climate Change and Small Island States: Power, Knowledge, and the South Pacific*, London: Earthscan, 2010.

8. Campbell, Kurt M. , *Climate Cataclysm: the Foreign Policy and National Security Implications of Climate Change*, Washington, D. C. : Brookings Institution Press, 2008.

9. Carlarne, Cinnamon P. , *Climate Change Law and Policy: EU and*

US Approaches, Oxford: Oxford University Press, 2010.

10. Drake, Frances, *Global Warming: the Science of Climate Change*, London: Arnold, 2000.

11. Faure, Michael & Marjan Peeters, Climate Change and European Emissions Trading, Cheltenham, Glos. : Edward Elgar, 2009. .

12. Ford, James D. & Lea Berrang-Ford, *Climate Change Adaptation in Developed Nations: from Theory to Practice*, Dordrecht: Springer, 2011.

13. Griffin, James M. , *Global Climate Change: the Science, Economics and Politics*, Cheltenham, UK: Edward Elgar, 2003.

14. Grubb, Michael, Matthias Koch, Koy Thomson, Abby Munson & Francis Sullivan, *The " Earth Summit" Agreement: A Guide and Assessment*, London: Earthscan, 1993.

15. Grubb, Michael, *The Kyoto Protocol: A Guide and Assessment*, London: The Royal Institute of International Affairs, 1999.

16. Harris, Paul G. , *Global Warming and East Asia: the Domestic and International Politics of Climate Change*, London: Routledge, 2003.

17. Harris, Paul G. , *Europe and Global Climate Change: Politics, Foreign Policy and Regional Cooperation*, Cheltenham, UK: Edward Elgar, 2007.

18. Hunt, Colin, *Carbon Sinks and Climate Change: Forests in the Fight against Global Warming*, Cheltenham, Glos. : Edward Elgar, 2009.

19. Hollo, Erkki J. , Kati Kulovesi, & Michael Mehling, *Climate Change and the Law*, Dordrecht: Springer, 2013.

20. Jordan, Andrew, *Climate Change Policy in the European Union: Confronting the Dilemmas of Mitigation and Adaptation*, Cambridge: Cambridge University Press, 2010.

21. Massai, L. , *European Climate and Clean Energy Law and Policy*, Washington, D. C. : Earthscan, 2012.

22. Mimura, Nobuo, Akimasa Sumi, & Toshihiko Masui, *Climate Change and Global Sustainability: A Holistic Approach*, Shibuya-ku, Tokyo: United Nations University Press, 2011.

23. Moran, Daniel, *Climate Change and National Security: A Country-Level Analysis*, Washington, D. C. : Georgetown University Press, 2011.

24. Munasinghe, Mohan & Luiz Pinguelli Rosa, *Ethics, Equity, and International Negotiations on Climate Change*, Cheltenham, UK: Edward Elgar, 2002.

25. Osofsky, Hari M. & William C. G. Burns, *Adjudicating Climate Change: State, National, and International Approaches*, Cambridge: Cambridge University Press, 2009.

26. Parks, B radley C. & J. Timmons Roberts, *A climate of injustice: global inequality, North-South politics, and climate policy*, Cambridge, Mass: MIT Press, 2007.

27. Pereira, Ricardo M. & Karen E. Makuch, *Environmental and Energy Law*, Chichester, UK: Wiley Blackwell, 2012.

28. Richardson, Benjamin J. , *Climate Law and Developing Countries: Legal and Policy Challenges for the World Economy*, Cheltenham, UK: Edward Elgar, 2009.

29. Richardson, Katherine, *Climate Change: Global Risks, Challenges and Decisions*, Cambridge: Cambridge University Press, 2011.

30. Robinson, J. , *Climate Change Law: Emission Trading in the EU and the UK*, London: Cameron May, 2007.

31. Rojey, Alexandre, *Energy & Climate: How to Achieve a Successful Energy Transition*, Chichester, UK: Wiley, 2009.

32. Selin, Henrik & Stacy D. van Deveer, *Changing Climates in North American Politics: Institutions, Policymaking, and Multilevel Governance*, Cambridge, Mass. : MIT Press, 2009.

33. Soltau, Friedrich, *Fairness in International Climate Change Law and Policy*, Cambridge: Cambridge University Press, 2009.

34. Soyez, Konrad & H. Grassl, *Climate Change and Technological Options: Basic Facts, Evaluation and Practical Solutions*, Wien: Springer, 2008.

35. Stavins, R. N. & Joseph E. Aldy, *Architectures for Agreement: Addressing Global Climate Change in the Post-Kyoto World*, Cambridge: Cambridge University Press, 2007.

36. Sudhakara, Reddy B. , *Energy Efficiency and Climate Change: Conserving Power for a Sustainable Future*, New Delhi: Sage Publications, 2009.

37. Vanderheiden, Steve, *Atmospheric Justice: A Political Theory of Climate Change*, Oxford: Oxford University Press, 2008.

38. Townshend, Terry, Sam Fankhauser, & Rafael Aybar et al. , *The Globe Climate Legislation Study* (3rd ed.), London: GLOBE International, 2013.

39. White, Rodney R. & Sonia Labatt, *Carbon Finance: the Financial Implications of Climate Change*, Hoboken, N. J. : John Wiley & Sons, 2007.

七、外文期刊论文

1. Ackerly, Brooke, "Climate Change Justice: the Challenge for Global Governance," *Georgetown International Environmental Law Review*, Vol. 20, 2008.

2. Biber, Eric, "Climate Change and Backlash," *New York University Environmental Law Journal*, Vol. 17, 2009.

3. Bodansky, Daniel, "The United Nations Framework Convention on Climate Change: A Commentary," *Yale Journal of International Law*, Vol. 18, 1993.

4. Bollen, Johannes, "An Integrated Assessment of Climate Change, Air Pollution, and Energy Security Polity," *Energy Policy*, Vol. 38, 2010.

5. Burleson, Elizabeth, " China in Context: Energy, Water, and

Climate Cooperation," *William Mitchell Law Review*, Vol. 36, 2010.

6. Carrapatoso, Astrid, "Climate Policy Diffusion: Interregional Dialogue in China-EU Relations," *Global Change*, *Peace & Security*, Vol. 23, 2011.

7. Carraro, Carlo, "Climate Change and China," *International Environmental Agreements*, Vol. 11, 2011.

8. Cole, Daniel H., "Climate Change, Adaptation, and Development," *UCLA Journal of Environmental Law and Policy*, Vol. 26, 2007.

9. Czarnezki, Jason J., "Climate Policy & U. S. -China Relations," *Vermont Journal of Environmental Law*, Vol. 12, 2011.

10. Droege, Susanne, "Climate Policy and Economic Bust: The European Challenges to Create Green Stimulus," *Carbon and Climate Law Review*, Vol. 2, 2009.

11. French, Duncan, "1997 Kyoto Protocol to the 1992 UN Framework Convention on Climate Change," *Journal of Environmental Law*, Vol. 10, 1998.

12. French, Duncan & Lavanya Rajamani, "Climate Change and International Environmental Law: Musing on A Journey to Somewhere," *Journal of Environmental Law*, Vol. 25, 2013.

13. Gordon, Ruth, "Climate Change and the Poorest Nations: Further Reflections on Global Inequality," *University of Colorado Law Review*, Vol. 78, 2007.

14. Green, Andrew, "Climate Change, Regulatory Policy and the WTO," *Journal of International Economic Law*, Vol. 8, 2005.

15. Guruswamy, Lakshman, "Climate Change: the Next Dimension," *Journal of Transnational Law & Policy*, Vol. 9, 2000.

16. Guzman, Andrew T., "Reputation and International Law," *Georgia Journal of International and Comparative Law*, Vol. 34, 2006.

17. Hahn, Robert W., "Climate Policy: Separating Fact from Fantasy," *Harvard Environmental Law Review*, Vol. 33, 2009.

18. Harris, Paul G. , "Climate Change and the Impotence of International Environmental Law: Seeking A Cosmopolitan Cure," *Penn State Environmental Law Review*, Vol. 16, 2008.

19. Harris, Paul G. , "Collective Action on Climate Change: the Logic of Regime Failure," *Natural Resources Journal*, Vol. 47, 2007.

20. Heggelund, Gorild M. , "China in the Asia-Pacific Partnership: Consequences for UN Climate Change Mitigation Efforts?" *International Environmental Agreement*, Vol. 9, 2009.

21. Hohne, Niklas, "Common but Differentiated Convergence (CDC): A New Conceptual Approach to Long-Term Climate Policy," *Climate Policy*, Vol. 6, 2006.

22. Huffman, Robert K. , "Climate Change and the States: Constitutional Issues Arising from State Climate Protection Leadership," *Sustainable Development Law & Policy*, Vol. 8, 2008.

23. Hurd, Brian H. , "Challenges of Adapting to A Changing Climate," *UCLA Journal of Environmental Law and Policy*, Vol. 26, 2007.

24. Johnson, Seth, "Climate Change and Global Justice: Crafting Fair Solutions for Nations and Peoples," *Harvard Environmental Law Review*, Vol. 33, 2009.

25. Kahn, Greg, "The Fate of the Kyoto Protocol under the Bush Administration," *Berkeley Journal of International Law*, Vol. 21, 2003.

26. Lewis, Joanna I. , "Climate Change and Security: Examining China's Challenges in A Warming World," *International Affairs*, Vol. 85, 2009.

27. Lopez, Todd M. , "A Look at Climate Change and the Evolution of the Kyoto Protocol," *Natural Resources Journal*, Vol. 43, 2003.

28. Mayer, Benoit, "Climate Change Reparations and the Law and Practice of State Responsibility," *Asian Journal of International Law*, Vol. 6, 2016.

29. McMaster, Peter, "Climate Change-Statutory Duty or Pious Hope?" *Journal of Environmental Law*, Vol. 20, 2008.

30. Moore, Scott, "Climate Change, Water and China's National Interest," *China Security*, Vol. 5, 2009.

31. Najam, Adil, "Climate Negotiations beyond Kyoto: Developing Countries Concerns and Interests," *Climate Policy*, Vol. 3, 2003.

32. Peel, Jacqueline, "Climate Change Law: Emergence of A New Legal Discipline," *Melbourne University Law Review*, Vol. 32, 2008.

33. Peterson, Sierra, "A Sectoral View of Climate Change Policy Development in IEA Nations," International Energy Law & Taxation Review, Vol. 1, 2007.

34. Pierrehumbert, R. T. , "Climate Change: A Catastrophe in Slow Motion," *Chicago Journal of International Law*, Vol. 6, 2006.

35. Posner, Eric A. & Cass R. Sunstein, "Climate Change Justice," *Georgetown Law Journal*, Vol. 96, 2008.

36. Pritchard, Robert, "Climate Policy on the Road to Copenhagen," *International Energy Law Review*, Vol. 7, 2008.

37. Rajamani, Lavanya, "The Cancun Climate Agreement: Reading the Text, Subtext and Tea Leaves," *International & Comparative Law Quarterly*, Vol. 60, No. 2, 2011.

38. Rehak, Susan E. , "Climate Change and the Copenhagen Consensus 2004: A Critical Review of Economic Prioritization," *Colorado Journal of International Environmental Law and Policy*, Vol. 2005, 2005.

39. Sagar, Ambuj D. , Hongyan H. Oliver, & Ananth P. Chikkatur, "Climate Change, Energy, and Developing Countries," *Vermont Journal of Environmental Law*, Vol. 7, 2005.

40. Sinden, Amy, "Allocating the Costs of the Climate Crisis: Efficiency versus Justice," *Washington Law Review*, Vol. 85, 2010.

41. Stone, C., "Common but Differentiated Responsibilities in International Law," *American Journal of International Law*, Vol. 98, 2004.

42. van Denbergh, Michael P., "Climate Change: The China Problem," *Southern California Law Review*, Vol. 81, 2008.

43. Weisbach, David & Cass R. Sunstein, "Climate Change and Discounting the Future: A Guide for the Perplexed," *Yale Law and Policy Review*, Vol. 27, 2009.

44. Wiener, Jonathan B, "Climate Change Policy and Policy Change in China," *UCLA Law Review*, Vol. 55, 2008.

45. Zewei, Yang, "International Energy Law: Has It Emerged as a New Discipline of International Law?" *AALCO Quarterly Bulletin*, Vol. 3, No. 3, 2007

46. Zewei, Yang, "China's Energy Security: Challenges and Responses," *Oil, Gas & Energy Law Intelligence*, Vol. 6, Issue 1, 2008.

47. Zewei, Yang, "On Legal System of Clean Development Mechanism in China and Its Perfection," *Oil, Gas & Energy Law Intelligence*, Vol. 9, Issue 6, 2011.

48. Zewei, Yang, "The Right to Carbon Emission: A New Right to Development," *American Journal of Climate Change*, Vol. 1 No. 2, 2012.

49. Zewei, Yang, "China's Role in the Transition to a New International Energy Order," *Groningen Journal of International Law*, Vol. 2, No. 1, 2014.

八、网址

1. 联合国气候变化框架公约：http://unfccc.int
2. 全球碳捕集与封存研究院：http://cn.globalccsinstitute.com/
3. 欧盟碳捕集与封存网：http://ccsnetwork.eu/
4. 中国气候变化信息网：http://www.ccchina.gov.cn/

5. 中国气候变化网：http：//www. ipcc. cma. gov. cn/cn/

6. 湖北省发展和改革委员会：http：//www. hbfgw. gov. cn/

7. 气候行动足迹网：http：//climateactiontracker. org/

8. 21 世纪可再生能源政策网：http：//www. ren21. net/

后　记

　　2015 年 11 月的《巴黎协定》，正式启动了 2020 年后全球温室气体减排进程。之前，中国政府向《联合国气候变化框架公约》秘书处正式提交了应对气候变化国家自主贡献文件《强化应对气候变化行动——中国国家自主贡献》，承诺"到 2030 年单位国内生产总值二氧化碳排放将比 2005 年下降 60%～65%"①。2016 年 4 月，中国国务院副总理在纽约联合国总部正式签署《巴黎协定》。2016 年 9 月，中国政府正式批准了《巴黎协定》。中国在气候变化问题上的积极行动，不但为全球应对气候变化作出了重要贡献，而且赢得了国际社会的广泛赞誉、彰显了负责任大国的国际形象。

　　应对气候变化的地方立法，也是有关应对气候变化行动的一部分。因此，研究、推动中国地方应对气候变化立法的发展，无疑具有重要的理论价值和现实意义。本书系 2012 年中国清洁发展机制基金赠款项目"湖北省应对气候变化立法研究"（项目编号：2012057）最终研究成果之一，具体分工如下（按章节先后为序）：

　　杨泽伟：武汉大学珞珈杰出学者、国际法研究所（国家高端智库）和 2011"国家领土主权与海洋权益协同创新中心"教授、法学博士，负责本项目的筹划、设计、论证、申请以及分工、协调，并撰写了本书的"前言"（与吕江合作）、第四章"应对气候变化的保障措施"的案文和释义、"后记"以及以及完成本书的统稿、定稿工作。

　　吕江：西北政法大学副教授、法学博士，"前言"（与杨泽伟

---

　　①　参见《强化应对气候变化行动——中国国家自主贡献》，载《人民日报》2015 年 7 月 1 日第 22 版。

合作）、第一章"总则"、第五章"应对气候变化的监管责任"的
案文和释义、第六章"附则"的案文和释义、"参考文献"以及参
与本书的统稿工作。

程荃：暨南大学教授、法学博士，第二章"应对气候变化的
减缓措施"的案文和释义。

范姣艳：三峡大学教授、法学博士，第三章"应对气候变化
的适应措施"的案文和释义。

本项目的顺利完成，还受益于诸多朋友的帮助，如国家发展和
改革委员会能源研究所吴钟瑚主任、国家发展和改革委员会气候司
李丽艳处长、国家应对气候变化战略研究和国际合作中心李俊峰主
任、中国气象局国家气候中心巢清尘副主任以及湖北省发展和改革
委员会应对气候变化处田啟处长、雷晓副处长等，特致谢忱。

气候变化法是国际法领域中一个方兴未艾的新分支，我们的研
究还刚刚起步；同时，有关的立法经验也不足。因此，本书必然会
存在种种缺漏，恳请读者批评指正。

杨泽伟

2016 年 9 月 17 日于武大珞珈山